国家自然科学基金项目（42271205）
中国博士后科学基金（2021T140303）
教育部人文社会科学研究基金（19YJCZH036）

面向城乡融合发展的中国乡村空间治理

戈大专　著

科学出版社

北　京

内 容 简 介

本书系统介绍了面向城乡融合发展的中国乡村空间治理理论与实践，阐述了乡村空间治理的理论分析范式，总结了面向城乡关系优化的乡村空间治理实践探索。本书以城乡空间转型与重构问题为线索，尝试将乡村空间治理的理论建构和实践路径作为出发点，解构城乡融合发展的时代命题。本书以“多维度”和“多尺度”视角建构了乡村空间治理理论分析框架，从乡村空间治理与国土空间规划、乡村振兴战略、土地利用转型、乡村国土空间用途管制的内在关系和实践案例出发，提出了面向城乡融合发展的空间治理路径。本书较全面地建构了乡村空间治理的研究方案，为破解城乡分治困境提供新思路，有助于读者较全面地了解中国乡村空间治理理论与实践的进展情况。

本书可供从事城乡地理和国土空间规划的研究人员、管理人员阅读，也可供高等院校科研和教学人员参考。

图书在版编目(CIP)数据

面向城乡融合发展的中国乡村空间治理/戈大专著. —北京：科学出版社，2024.3

ISBN 978-7-03-078234-2

Ⅰ. ①面…　Ⅱ. ①戈…　Ⅲ. ①农村-空间规划-研究-中国　Ⅳ. ①TU984.11

中国国家版本馆 CIP 数据核字(2024)第 055830 号

责任编辑：王腾飞　沈　旭/责任校对：杨　赛
责任印制：赵　博/封面设计：许　瑞

科学出版社 出版
北京东黄城根北街 16 号
邮政编码：100717
http://www.sciencep.com
三河市春园印刷有限公司印刷
科学出版社发行　各地新华书店经销
*
2024 年 3 月第　一　版　开本：720×1000　1/16
2024 年 9 月第二次印刷　印张：13　1/4
字数：265 000

定价：119.00 元

（如有印装质量问题，我社负责调换）

序

城乡融合发展旨在缩小城乡发展差距，通过体制机制创新消除城乡发展阻碍，逐步实现城乡要素回报趋同与发展权能等值。土地是人类主要社会经济活动的空间载体，城乡融合发展所遇到的阻碍主要来自土地，土地利用格局及其演化过程自然成为揭示城乡融合发展这一区域社会经济转型的重要切入点。土地利用格局是乡村空间开发状态的外在表征，土地利用形态格局的变化即土地利用转型成为解析乡村空间转型与重构的重要手段。

城乡融合发展目标的实现要求改变时下的土地利用形态，促使土地利用发生转型，继而实现区域发展目标的转型，其初始阶段的土地利用类型由于代表不同的部门利益，进而通过结构性矛盾引发空间显性形态冲突。随后通过部门之间的博弈和协同互补服务整体目标，缓解甚至消除上述空间冲突，实现区域土地利用形态格局的转变，以满足城乡融合发展目标对土地系统应有功效的需求，这一过程可谓乡村空间治理。当前，中国乡村各个地区正嵌入在一个连接“城-乡”和“乡-乡”的复杂网络中，与乡村空间治理相伴的是乡村的重构，涉及空间、经济和社会三个维度，其最终目标是实现城乡地域系统之间的结构协调和功能互补，即城乡融合发展。空间治理是完善现代治理体系的重要组成部分，乡村空间治理也成为乡村地理学的重要研究方向。

《面向城乡融合发展的中国乡村空间治理》作者戈大专是近年崭露头角的优秀青年地理学工作者。他在中国科学院地理科学与资源研究所攻读博士学位期间参与了我主持的国家科技支撑计划项目课题“平原农区空心村整治的关键技术集成示范”的研究工作，曾吃住在野外基地，进行观测试验累计达半年有余，在平原农区开展了广泛的空心村整治调查研究，践行了“把论文写在祖国的大地上”。基于大量村庄调研和农户访谈，深入平原农区广大乡村地域开展空心村整治研究，这为他后期从事的乡村空间治理研究打下了坚实的基础。博士毕业后作为青年人才引进到南京师范大学工作以来，他结合发达地区乡村空间转型与重构特点，选定了乡村空间治理这一新的研究方向，并进行了深入的探索研究且取得可喜进展，在《地理学报》陆续发表了《论乡村空间治理与城乡融合发展》《论乡村空间治理与乡村振兴战略》《新时代中国乡村空间特征及其多尺度治理》等多篇论文。该书瞄准城乡融合发展战略目标，重点从乡村空间治理理论与实践入手，既从多维度视角探索了乡村空间治理新框架，又从多尺度视角总结了乡村空间治理实践新路径，面向城乡融合发展开辟了乡村空间治理研究新领域。作为他的博士研究生导师，我很欣喜地看到“青胜于蓝”，是为序。

乡村发展研究错综复杂，该书难免挂一漏万。例如，以国际学术界关于“空间的生产”的观点来看，通过乡村空间治理实现城乡融合发展其实质也是一种空间生产的过程，这种过程以一种独特的方式将全球和地方、城市和乡村、中心和边缘连接起来，对此，该书尚未有所呼应。但瑕不掩瑜，该书整体上论证严密，提出了不少新的观点和思路，有益于丰富乡村地理学的理论研究。我很乐意将该书推介给学界同仁，也希望有更多的青年学者关注中国的乡村发展问题，为中国乡村现代化贡献青年力量。

英国社会科学院　院士

国际地理联合会乡村系统可持续性委员会　执委

中国地理学会农业地理与乡村发展专业委员会　主任

2023 年 8 月 16 日于博世祥园

前　言

新时代，乡村成为抵御发展风险的“稳定器”和“压舱石”。农业农村问题长期以来是中国走向现代化大国过程中必须关注的重大问题，没有农业农村农民的现代化，就不是真正的现代化，也难以克服现代化过程中呈现出的结构性矛盾和系统性治理障碍。土地是农民的命根子，也是保障粮食安全的根本基础，乡村空间基于土地利用系统支撑作用成为研究“三农”问题的重要载体。乡村空间是“三农”转型升级实现现代化的主阵地，乡村空间转型与重构也成为各界关注的重点。研究中国乡村空间利用问题为破解城乡融合困境提供现实方案，探索面向治理现代化的中国乡村空间治理理论与实践逻辑具有现实的迫切性和历史的责任性。

城乡融合发展对国土空间治理体系和治理能力提出了更高要求，面向城乡融合发展的乡村空间利用问题研究成为新时代乡村地理亟待破解的重要命题。当前，“城乡分治”的国土空间管控体系和“传导受阻”的乡村空间用途管制体系成为城乡空间可持续利用的重大障碍，导致了乡村空间多功能性被弱化、价值实现渠道受阻、城乡空间价值分配不均等现实问题，成为城乡融合发展的核心瓶颈。城乡空间交互作用常态化，信息技术带来的“时空压缩”效应打破了城乡空间的价值“鸿沟”，乡村空间跨尺度响应趋于成熟，面向数字时代的城乡空间联动治理成为时代所需，也是急需破解的科学问题。面向城乡融合发展的乡村空间响应及其治理存在的现实难题，从乡村空间治理机制与路径出发，破解乡村空间不合理利用状态，重构城乡空间联动的体制机制，进而服务城乡融合发展目标具有重要的时代意义，也为揭示城乡融合发展与乡村空间的多尺度交互机理提供重要突破口。

本书以乡村空间特征与利用问题为核心线索，以乡村空间治理为主攻内容，瞄准当前城乡空间转型与重构的现实问题，尝试从乡村空间治理的理论建构突破到机制路径总结，服务城乡融合发展的现实诉求，并从乡村空间治理视角解构乡村振兴与城乡融合的时代命题。针对乡村空间治理体系不健全和治理能力欠缺等核心难题，本书从多维度和多尺度视角建构面向城乡融合发展的乡村空间治理体系，总结适应乡村地域结构与功能的乡村空间治理路径。结合多类型治理实践，详细解构了基层治理实践对乡村空间治理理论探索的支撑作用。理论探索与实践经验相结合是本书的主要特色，本书瞄准基层空间治理的首创精神，从理论逻辑出发寻找乡村空间治理的一般化特征与路径，为适时和适度开展乡村空间治理并服务城乡融合发展提供决策参考。

本书是国家自然科学基金（42271205）等项目部分研究成果的总结。本书成稿过程中，得到了诸多单位和个人的帮助。江苏省人大农业和农村委员会组织的“乡村公共空间治理调研”激发了我深入研究相关议题的浓厚兴趣；江苏省自然资源厅相关处室委托的“江苏省乡村国土空间用途管制策略”课题为本书成稿提供了充足的素材支撑。广西大学龙花楼教授、中国科学院地理科学与资源研究所刘彦随研究员、南京大学博士后合作导师李满春教授，以及南京师范大学地理科学学院各位领导与同事，为本书成稿提供了诸多支持，借此一并表示衷心的感谢。

在本书写作过程中，我对引用部分已做了注明，但仍恐有遗漏之处，诚请指正。由于乡村空间治理理论与实践尚处探索阶段，作为青年学者斗胆开展了部分尝试，书中不足之处在所难免，恳请各位专家学者提出宝贵意见和建议！

戈大专

2023 年 7 月

目　　录

第1章　绪　　论

1.1　城乡转型发展新趋势

1.1.1　面向高质量发展的城乡空间共治

城乡空间统筹治理是落实国土空间治理现代化的核心内容。自然资源部统一行使全民所有自然资源资产所有者职责，统一行使所有国土空间用途管制和生态保护修复职责，对城乡空间一体化治理提出全新要求，也为打破城乡空间异质化治理提供新路径。《中共中央 国务院关于建立国土空间规划体系并监督实施的若干意见》指出要逐步建立“多规合一”的规划编制审批体系、实施监督体系、法规政策体系和技术标准体系，为打通城乡空间一体化治理创造现实条件。城市无序扩张与乡村空间管控混乱并发，需要在城乡空间共治上找到突破口。新一轮国土空间规划“一张蓝图干到底”的精神，需要在城乡关系远景谋划上着重笔墨。基于国土空间规划重构城乡发展要素流动趋势、城乡经济空间布局、城乡基础设施建设、城乡公共服务配置、城乡生态环境保护格局，有利于重塑城乡关系，提升空间治理水平，保障高质量发展。

党的十八届三中全会提出，要推进国家治理体系和治理能力现代化。空间治理体系和治理能力现代化是深化国家治理体系，提升治理能力的重要抓手。治理体系和治理能力是一个有机整体，国家治理体系实施的系列管理制度和规章程序多以空间为载体，主要包括政府施策、社会参与和市场应对，空间治理是国家治理体系的核心组成。空间治理通过调控国土空间关键资源的配置，实现对地域空间结构和功能的管理，进而影响空间承载的政府治理行为、社会治理逻辑和市场治理策略。空间治理通过一系列调控手段，实现优化国土空间开发格局、协调地域空间结构和功能、保障社会经济发展目标等国家治理体系的有效运转。空间治理体系建设与不同行为主体的参与方式密切相关，空间治理作为空间管控关键手段，强调除了政府行为主体，应进一步明确以资本为代表的市场主体和以公众参与为代表的社会主体在空间治理中的地位。传统空间治理领域着重强调“自上而下”的政府主导型治理模式，而多元主体有效参与空间治理则一直是空间治理体系优化的方向。当前，空间治理体系中公众参与的程度较低，而以资本为代表的市场主体参与空间治理的管控难度较大，空间治理过程中避免空间寻租行为的体系仍不健全。

党的十八届五中全会明确提出，以市县级行政区为单元，建立由空间规划、用途管制、领导干部自然资源资产离任审计、差异化绩效考核等构成的空间治理体系。提升空间治理能力，完善空间治理体系，优化空间结构与功能，权衡空间收益分配格局，将有利于促进城乡发展要素流动与集聚，推动社会经济高质量发展。发达国家利用国土空间规划实现对国土空间的有效治理，成为推动部门间、区域间和群体间统筹协调的重要政策工具，其中以土地用途管制最具代表性。2019 年，《中共中央 国务院关于建立国土空间规划体系并监督实施的若干意见》中要求“建立国土空间规划体系并监督实施”，推动实现“多规合一”的国土空间治理体系，对重构新时期空间治理模式提出了全新的要求。从统计数据来看，1978～2022 年中国城镇常住人口由 1.72 亿人增加到 9.21 亿人，常住人口城镇化率由 17.92%上升到 65.22%（戈大专，2023）。单从人口城镇化进程来看，中国城镇化发展成绩斐然。但在城镇化率高歌猛进的背后，城乡二元化发展矛盾日益激化，城乡收益分配不均、要素流动不畅、多维结构失衡等问题逐渐凸显。在经济发展向高质量转型过程中，城镇化进程逐渐放缓，城乡利益结构失调带来的社会经济发展矛盾不容忽视。从城乡居民人均可支配收入及其比值变化来看，尽管我国城镇居民人均可支配收入与农村居民人均可支配收入的比值在 2008 年之后快速下降，但其绝对值差距仍在不断拉大（图 1-1）。

1.1.2 城乡关系转型与空间高效治理

全域和全要素的国土空间规划为破解城乡“鸿沟”提供了新思路。当前，城乡发展割裂、城乡价值分配不均、城乡转型不充分、城乡联动不通畅等系统性城乡治理问题，仍然是我国迈向高质量发展阶段的主要障碍。改革开放以来，我国城乡关系由城乡分割转型为城乡联动，城乡发展政策也经历了“城乡统筹→城乡一体→城乡融合→共同富裕”等不同转型阶段（表 1-1）。城乡

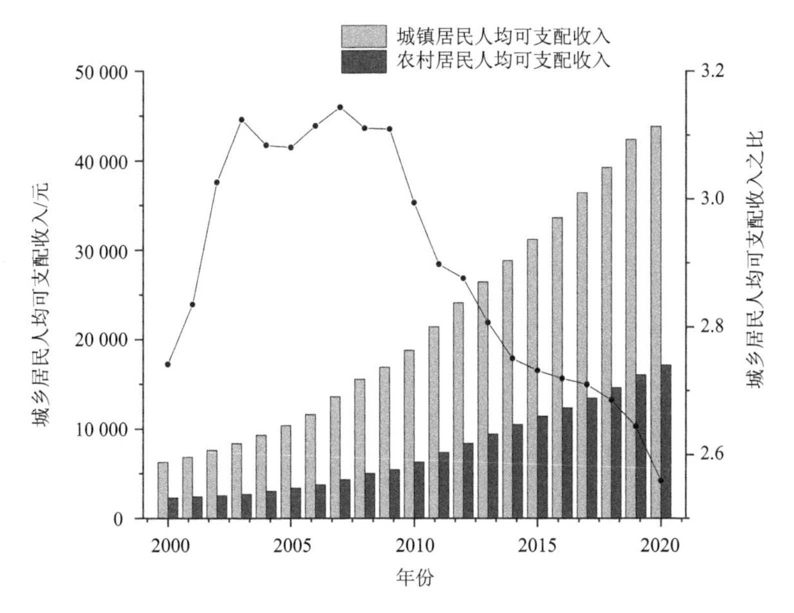

图1-1　中国2000～2020年城乡居民人均可支配收入及其比值

表1-1　城乡发展政策演变

项目	城乡统筹（2002～2008年）	城乡一体（2008～2017年）	城乡融合（2017年至今）
产生背景	党的十六大提出统筹城乡社会经济发展，建设现代农业，发展农村经济，增加农民收入	党的十七大提出建立以工促农、以城带乡长效机制，形成城乡经济社会发展一体化新格局	党的十九大提出实施乡村振兴战略，建立健全城乡融合发展体制机制和政策体系。城乡融合被赋予更丰富的内涵
具体内容	“以工促农、以城带乡” 统筹城乡发展规划、产业发展、资源配置、社会事业	“以工促农、以城带乡、工农互惠、城乡一体” 城乡统筹谋划，促进城乡规划、产业发展、设施服务、生态保护、社会管理一体化	“工农互促、城乡互补、全面融合、共同繁荣” 城乡要素合理配置、公共服务普惠共享、基础设施一体化、乡村经济多元化、农民增收
关键内涵	以城市为中心，由“农业为工业提供积累，农村支持城市”转变为“工业反哺农业，城市支持乡村”	仍然以城市为中心，“农村城市化”“化乡为城”	突出城乡平等的主体性，强调乡村多元价值功能；城乡相互独立、相互依存；城乡融合渗透、良性循环和功能耦合
共同之处	改变城乡二元结构，构建新型工农城乡关系，缩小城乡差距		

差异仍然是中国城乡转型必须克服的现实困境。2020年全国城市土地出让收益超过8.4万亿元，而这部分收益绝大多数被城市占据，乡村难以充分分享城镇化带来的红利（李兵弟，2021）。

新一轮国土空间规划，在完善全民所有自然资源资产管理体系、国土空间确权登记体系、自然资源产权划分体系、国土空间用途管制体系的基础上，试图构建全域覆盖、全要素管控、全价值融合的一体化空间治理体系，为打破长期以来的城乡空间差异性管控模式、偏向性价值流向、失衡性配置逻辑提供千载难逢的好机遇。城乡有序转型不仅是时代所需，更是建设现代化国家无法逾越的现实问题（龙花楼，2013）。面向高效、一体、统筹治理的现实诉求，国土空间规划从高质量发展的底线思维出发，谋划远景城乡空间格局构想，落实生态文明发展空间支撑，严守粮食安全空间保障，这些内容均与城乡关系转型密切相关。

中国城乡空间差异化的所有权管理和实现途径，决定了乡村空间治理模式有别于城市空间，因其承载社会群体的复杂性，而又具有广泛的社会性。因此，乡村空间治理体系所包含的物质空间治理、乡村空间承载的社会关系网络及其价值纠缠治理成为不可或缺的重要内容（戈大专和龙花楼，2020；叶超等，2021）。乡村空间治理是国土空间治理的重要组成部分（刘彦随，2018），治理路径与效应将直接服务于国土空间规划多级治理体系的构建。在城乡融合发展背景下，全面推进乡村振兴战略对乡村空间治理提出了更高的要求。在落实空间用途管制目标的基础上，凸显乡村空间治理服务乡村转型发展、激发乡村内生动力、培育乡村空间组织、活化乡村空间价值、均衡城乡空间价值分配的诉求日益强烈（刘彦随，2018；周国华等，2018；Halfacree，2007）。因此，深入开展乡村空间治理理论和实践研究，将有利于完善国土空间治理体系，加强底层国土空间管控。

1.1.3 农业农村优先发展和乡村振兴战略

2020年12月召开的中央农村工作会议提出，坚持把解决好“三农”问题作为全党工作重中之重，举全党全社会之力推动乡村振兴，促进农业高质高效、乡村宜居宜业、农民富裕富足。2021年中央一号文件强调，新发展阶段“三农”工作依然极端重要，须臾不可放松，务必抓紧抓实。2023年中央一号文件提出，全面落实乡村振兴责任制，坚持五级书记抓，统筹开展乡村振兴战略实绩考核、巩固拓展脱贫攻坚成果同乡村振兴有效衔接考核评估，将抓党建促乡村振兴情况作为市县乡党委书记抓基层党建述职评议考核的重要内容。落实乡村振兴战略已上升为全社会的重要战略，为巩固脱贫攻坚成果，夯实“三农”“固本安邦”基础，衔接“两个一百年”奋斗目标提供坚实保障。推进乡村振兴战略难度大，如何立足“大国小农”基本国情，在构建新发展格局的过程中，基于制度性的集成创新，汇聚更多具有重大牵引作用的惠农举措，形成多轮驱动的乡村振兴格局，将具有重要现实意义。

全面推进乡村振兴战略对国土空间规划提出新要求，坚持农业农村优先发展对城乡空间载体的治理水平提出全新命题。在城乡二元体制下，乡村发展长期受资源、劳动力、资金等要素制约，需要改变城乡不平衡、乡村发展不充分现状，推动城乡关系进入新阶段。《中华人民共和国乡村振兴促进法》为乡村振兴战略的实施提供了多方面的保障。当前，乡村振兴研究在理论基础和实施路径上已有一些探索，面向国家战略需求，有关乡村振兴的理论逻辑、体制机制等学理性问题仍待加强，科学体系仍待凝练。当前，城镇化质量整体不高，“城乡双漂型”流动人口给城镇化发展带来全新挑战。根据第七次全国人口普查数据，2020 年，中国常住人口城镇化率为 63.89%，过去 40 年城镇化率年均增长 1.1 个百分点。与此同时，2020 年户籍人口城镇化率仅为 46%左右，当年全国“乡→城”流出人口达 2.72 亿人，占全国流动人口（3.76 亿人）的 72.3%，比 2010 年增加了 1.38 亿人。落实“以人为本”的城镇化战略与乡村振兴战略均对城乡空间治理能力提出全新要求。以县域为载体的城镇化发展新路径，要求以县域为基本单元，协调空间布局，统筹城乡发展。面向未来，如何在多级、多类的空间规划体系中，有效落实差异化的城镇化发展格局，深化以县域为载体的城乡关系优化路径需要新思路，亟须在国土空间治理体系中进行综合考虑。

面向国家治理现代化需求，立足中国城乡转型的现实背景，构建具有中国特色的乡村振兴体系具有理论和实践创新意义。城乡发展要素配置自由流通与乡村空间开发密切相关，乡村空间治理是破解要素配置困境、实现乡村转型发展的重要抓手。从发达国家经验看，欧洲主要国家经历了由“自上而下”主导要素分配模式向“自下而上”城乡要素交互流通的乡村发展政策转变过程。从治理内容看，由“自上而下”模式下政府开展基础设施建设和土地开发项目，转变为“自下而上”以国土治理为代表，注重乡村自我发展能力的营建（Navarro et al.，2016）。乡村空间是乡村发展的物质基础，乡村空间作为空间治理体系的底层空间，在落实国土空间用途管制基础上构建适应农村基本经营制度的乡村空间治理理论体系和实施路径，有利于完善空间治理体系和提高空间治理能力。乡村空间治理从关注物质空间治理拓展到空间价值分配和空间效益优化，其理论内涵和应用价值不断明晰。

乡村空间治理推动乡村可持续发展，对应乡村振兴的目标诉求。在快速城镇化进程中的“城进村退”局面下，以城乡融合为关键突破的乡村振兴落实路径仍待研究。在农村基本经营制度和村民自治背景下，以空间治理手段破解乡村发展困境的理论体系和实施路径亟待深化。空间治理改善乡村空间利用形态，推进城乡地域系统可持续发展，为乡村振兴战略落实提供抓手。

1.2　面向高质量发展的乡村空间治理困境

1.2.1　国土空间结构紊乱与统筹治理不足

城乡融合的国土空间载体在某种程度上缺乏远景谋划，制约了国土空间规划支撑城乡有序转型的现实能力和潜力。现有国土空间规划分类体系中基于三线划定而形成的城镇空间、农业空间、生态空间与传统意义的城乡空间存在空间交互，大量存量村庄建设用地被划归到农业空间。此外，差异化的空间管控体系可能进一步撕裂城乡空间的融合进程。城镇开发边界内采用“详细规划+规划许可”，城镇开发边界外采用“详细规划+规划许可”和“约束指标+分区准入”的管制方案，差异化的空间管控逻辑进一步强化了空间用途管制的城市取向，乡村空间管控力度进一步强化，乡村空间开发利用潜力与活力可能被削弱，城乡融合的空间支撑载体并未得到有效确认。

城乡空间体系远景动态谋划不足与城乡空间多尺度协调机制紊乱，使得城乡融合的空间体系持续性不够。国土空间规划体系尝试从三线划定出发，制定经济结构调整、产业发展布局、城镇拓展空间边界的规划，力求打破原来多规冲突造成的“九龙治水”空间治理顽疾。但依据城镇建设用地现状划定未来城镇开发边界的过程中，城镇体系预测可能存在不合理性，城乡空间远景布局的科学预测不够，城乡转型的空间边界动态调整机制有待完善，进而影响对城乡空间远景的科学调控。此外，城乡空间多尺度结构体系缺乏协调机制，难以应对城乡发展的尺度和空间异质性。在空间开发与管控的“中央-地方”博弈过程中，多尺度城乡空间结构的科学体系并未得到足够重视。区域尺度（如主体功能差异）、省级尺度（如发展阶段差异）、县域尺度（如地域空间差异）等不同空间尺度上的城乡发展格局呈现显著的地域性。空间开发指标的层级传导机制，可能进一步拉大城乡发展权配置的地域失衡特征，带来城乡多尺度的结构紊乱，难以支撑多尺度城乡融合的现实需求。

城乡割裂的空间治理不能适应多尺度空间治理的现实需求，城乡空间综合治理不足成为限制城乡融合发展、导致“城市病”“乡村病”叠加的重要诱因。城乡空间分治造成城乡空间开发利用政策和空间开发价值流向的巨大差异，以空间用途管制为核心的空间管控措施，进一步强化了空间治理的城乡“撕裂”。当前，城乡空间统筹与综合考虑不足成为空间治理绩效提升、治理科学有效、治理公正可行的重大阻力。现有国土空间规划基于“自上而下”开展的层级传导空间治理逻辑，虽然使中央空间治理诉求得到了强化，但在城乡空间有序的统筹治理、“自下而上”和“自上而下”结合的综合治理、多元主体有效参与的公平治理等方面仍存在体制机制障碍。“立足城市看乡村”和“驻足乡村望城市”均脱离空间综合的科学认知。城乡空间既然是难以分割的有机整体，就可以在城乡空间统筹治理上找到突破口。

城乡空间综合治理需关注多尺度空间结构与功能的联动特征和交互机理，集聚复合的城市空间与离散多样的乡村空间共同构成了国土空间地域特征。新一轮国土空间规划对乡村空间管控力度进一步强化，多尺度乡村空间利用潜力被削弱，城市倾向的空间配置体系恐将进一步固化。如2020年城镇地区的商品房约270亿 m^2，农村地区房屋约220亿 m^2，但二者的价值量和资产量差异巨大，城镇居民人均可支配收入是乡村的2.37倍（戈大专等，2023）。宏观尺度的城乡空间近期和远期动态谋划不足，导致大城市无序扩张，进而占用大量乡村空间，城乡空间治理结构性失衡（龙花楼，2012）。宏观尺度的城乡空间失衡导致中微观乡村空间被进一步挤压。城乡空间线性区分（如“三区三线”划分方案）缺乏城乡空间弹性调整的科学机制，导致城乡空间统筹的综合治理缺乏实践依据。此外，城乡空间多尺度结构体系缺乏协调机制，如何科学聚合乡村空间，优化城乡空间结构体系，缺乏多尺度城乡空间的动态模拟。

1.2.2　城乡多尺度交互的空间网络不畅通

城乡发展要素有序流通与公共服务一体化配置是完善城乡多尺度交互的前提，也是保障城乡有序转型的无形推手。国土空间规划编制过程中强化底线思维的控制线划定，叠加城乡空间用途管制的差异化运转逻辑，进一步强化了城乡空间的差异化治理体系。城乡空间差异化治理体系成为新时期阻碍城乡共治，抑制城乡融合的制度屏障。乡村空间作为底线管控的接收端和落实者，对“自上而下”的规划管控传导起到重要的组织协调作用，然而现有多级规划体系对各级政府的事权划分权责不明晰，违法追究机制不完善，“自下而上”反馈机制不畅通。事权混乱将“无限责任”逐级传导到底层乡村空间，城乡发展要素自由流动的潜力和动力可能被抑制，进而带来乡村发展的要素短缺，乡村非正规用地欲望的进一步抬头，规划传导成效和底线管控目标面临冲击。城乡空间一体化治理难题与规划事权冲突问题紧密结合，规划事权冲突加上城乡空间差异化管控，使城乡公共服务一体化落实难度进一步加大。因此，城乡多尺度交互在空间规划事权划分不明晰的状态下，难以突破城乡交互作用的现实需求，不能有效完善城乡公共服务网络体系，更加难以支撑城乡融合的现实诉求。

城乡市场链接体系和产业联动体系的空间载体不匹配，难以推进城乡空间网络一体化建构。资本、劳动力、技术等城乡市场发育的核心要素需要在空间中找到适宜的载体，建设城乡一体化市场也是建设国内市场大循环的核心环节。城乡市场链接的多级空间载体在国土空间规划中并未得到足够的关注，以小城镇为基础的城乡市场交互区难以在国土空间规划中得到培育和发展，无法支撑城乡市场的衔接网络。城乡地价“剪刀差”使得以农业空间为主的乡村长期处于从属地位，乡村产业发展的用地需求难以形成规划认同，即使现有规划指标分配导向中预留了部分指标给乡村产业发展，但也难以得到有效保障。乡村产业发展与乡村用地的灵活性、乡村空间用途的复合性、乡村空间管控的弹性密切相关。目前，乡村空间被理解为农业生产空间是狭隘的，乡村一二三产业融合发展才是中国乡村产业发展的合理道路，才能推进乡村产业兴旺目标的落实。以目前来看，国土空间规划对乡村空间功能的认知和管控逻辑不适应产业发展的现实需要，难以支撑乡村产业发展长远目标的实现。

空间网络畅通度与城乡发展要素流通度决定了乡村内生发展动力与乡村振兴潜力。多尺度乡村空间交互作用的内在逻辑需要推动城乡发展要素的跨尺度流动，进而推动城乡发展机制联动，破解城乡融合发展困境。当前，多尺度乡村空间在要素流通网络、空间结构网络、功能配置网络上均存在流通网络不畅通等现实问题，限制了通信数字化和交通便捷化给乡村发展带来的巨大机遇。空间流动性网络不畅通既是城乡二元分治产生的体制弊端，也是多尺度乡村空间治理机制不健全的具体表现。以城乡建设用地指标的跨区域流动为例，空间跨区域配置呈现出强烈的行政干预色彩，市场在推动土地要素跨区域流动中的作用仍待强化。以城乡建设用地"增减挂钩"节余指标的跨区域交易和流通为例，交易价格和可交易数量受到严格的行政管控。以城乡聚落体系为代表的空间结构网络不畅通主要表现为规模体系不协调和空间配置不合理，难以支撑城乡空间有序高效的开发目标。功能配置网络不畅通的标志就是地域主体功能与综合功能配置不均衡，地域功能与空间价值分配不公平，进而阻碍了地域功能的流动性配置。

城乡市场流通网络和公共服务网络的不畅通是空间流动性难以高效配置城乡空间资源的重要表现，也是多尺度乡村空间治理亟待解决的现实难题。城乡市场链接体系和产业联动体系与多尺度空间流动紧密相关，城乡市场机制难互通，进一步导致城乡统一大市场网络不通畅。城乡市场流通不畅既包含与空间直接相关的空间资源流通，也包含与空间权利和价值密切相关的空间资本流通。此外，与城乡市场连通密切相关的劳动力、技术、金融等流通也呈现出显著的空间异质性和尺度分异特征，并且受到多尺度乡村空间流动性的影响。城乡公共服务网络不畅通导致城乡融合发展轨道难疏通，主要表现在城乡教育、医疗、养老、交通等公共服务网络的城乡异构特征上，成为城乡融合发展亟须破解的难题。城乡公共服务网络配置不健全和网络连通不通畅问题，同城乡空间分异的空间用途管制体系和城乡空间多尺度连通网络存在密切联系，破解乡村空间多尺度网络的流通性问题，将为解决公共服务城乡差异提供有效路径。

1.2.3　城乡空间多元价值融合的渠道受阻

城乡空间发展权的不均衡配置，阻碍了多元空间价值交换，已经成为限制城乡深度融合的核心障碍之一。国土空间规划虽然在强化全域和全要素用途管制、推进全流程自然资源管控等层面具有一定突破，但在面向城乡空间用途管制衔接、城乡空间价值均衡调控等层面仍缺乏破题抓手。以生产性价值为核心导向的自然资源价值核算体系已经难以适应城乡深度融合的需求，国土资源的多元价值认知体系、评价技术、实现渠道，在现有国土空间规划体系下难以得到有效落实。国土空间规划在落实全民所有自然资源资产保值与增值等技术方案上仍存在理论储备受限、实践方案不足、技术体系不全等现实困境。国土空间产权体系不健全进一步阻碍了自然资源资产化和资本化的道路，自然资源主体不明确、产权不明晰、交易不明朗，直接导致城乡空间价值流动渠道不畅通，多元价值培育难以形成社会共识。

在长期城乡二元制度割裂状态下，城乡空间已经形成固化的价值传导链、市场供应链、主体参与链，进而塑造了城乡空间价值分配链。城乡空间价值异化不断加深，甚至成为城乡二元发展模式的重要问题。城乡空间差异化的所有权制度及其实现方式，逐渐成为塑造城乡空间价值异化的制度陷阱。农村建设用地实行集体所有制，但农民集体难以依靠自身权利处置建设用地的使用方式。基于城乡土地转换价值“鸿沟”，巩固了以城市多级土地市场为渠道的城市空间价值流向，城镇化带来的土地增值收益绝大多数被城市发展占据，乡村空间价值显化渠道和路径不通，乡村发展空间需求呈现行业性和社会性失语。国土空间规划难以协调各主体之间的利益博弈，也难以避免资本对乡村的“隐性剥夺”。乡村空间集体化组织方式和模式创新，乡村集体所有的自然资源资产管理的制度化和法律化，精英化集体组织成员同现代乡村经营主体的培育，在新一轮乡村国土空间规划中都尚未得到足够重视，限制了规划实施的落地，缺乏顶层设计的物质性乡村建设难以扭转乡村衰退的现实困境。

乡村空间价值不显化，异质性空间价值结构不合理，区域性空间价值配置失衡，带来乡村空间开发的无序化和低效化，进一步压缩了原本有限的乡村空间价值。区域乡村空间异质性将带来国土资源开发利用类型的显著差异，空间资源价值形成、分配与流动将导致空间价值的异化，有助于完善区域认知的内在机制解析。多尺度乡村空间区域异质性价值与空间权属和组织关系密不可分，乡村空间权属关系不明晰和空间组织体系不畅通是乡村空间价值难以显化的关键限制性因素。当前，多尺度乡村空间区域异质性价值不显化与价值形成要素不稳定、价值结构体系不适宜、价值流向网络不畅通等因素紧密相关。与之对应，乡村空间权属关系模糊与权利主体不明确，乡村空间集体所有与部分国有（如国有农场）的现实状态造成空间产权实现方式不明朗，直接导致乡村空间价值形成要素不稳定。以生产性价值为核心导向的自然资源价值核算体系导致异质性乡村空间价值被严重低估，乡村空间的生态价值、社会价值、文化传承价值没有得到足够重视，导致乡村空间价值结构的不适宜。乡村空间集体化组织实现方式待创新，乡村集体所有的自然资源资产管理制度和法律待完善，精英化集体组织成员和现代乡村经营主体培育待强化，导致乡村空间组织体系不畅通，乡村空间价值流向的组织网络在主体间和尺度间存在堵点（图1-2）。

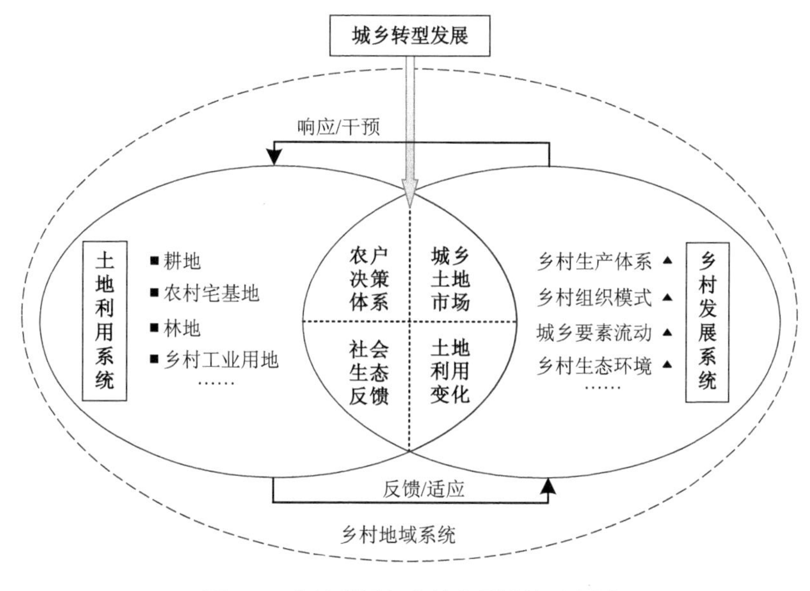

图1-2　土地利用与乡村发展链接示意图

多尺度乡村空间价值的保值与增值离不开价值配置体系、主体参与机制、空间组织关系。市场配置体系不健全是多尺度乡村空间价值难以显化的关键环节，缺乏市场有序调节的空间价值难以在多尺度空间上形成价值的流通渠道，无法促成空间价值的增值。当前，多尺度乡村空间价值传导路径在某种程度上不通与市场的参与程度不高有关，城乡空间价值的异化和城乡空间价值市场缺乏衔接也难以支撑价值保值的配置需要。多元主体参与机制不完善与空间组织关系不牢固共同塑造了底层乡村空间价值运转状态，也成为

“自下而上”空间价值形成与转化机制现实障碍的重要表现(戈大专等,2022)。乡村空间主体不明确、产权不明晰、交易不明朗，阻碍了自然资源资产化和资本化道路，多元价值培育难以形成社会共识。上述问题造成了乡村空间保值与增值的实现方案仍存在理论缺陷、实践方案不足、技术体系不全等现实困境。

1.3 乡村空间治理学科特性

1.3.1 乡村空间研究范式转型

1. 乡村空间认知变化

1）由单一维度空间转向多维度空间

乡村空间维度的多样性与经济转型进程中乡村空间被赋予的时代价值密切相关。因此，了解中国乡村空间多维度变化过程，需要同转型期中国城乡发展的大格局紧密结合起来。以乡村空间功能为例，传统农业生产时期的乡村空间是农业生产和农户生活的核心地域空间，乡村空间被物化为具体的场所。这一时期，物质性导向的乡村空间具有鲜明的时代特征。乡村空间结构功能的多样性决定了多维度乡村空间的转型趋势。城乡之间发展要素的频繁交换，使得乡村地域功能多样化、乡村空间结构复杂化、乡村关系体系网络化，乡村空间由传统单一的“物质性空间”转向多元价值空间。多维度乡村空间正是在乡村空间转型中不断演化，逐渐成为揭示乡村空间重构的重要切入点。不论是乡村空间“空心化”“消费化”“乡绅化”等研究范式的兴起，还是多功能乡村空间的深入探索，均是乡村空间由“单维”向“多维”转型的重要表现。因此，从多维度视角解构新时期乡村空间特征体系，建构面向多维度乡村空间的治理范式成为时代所需。

2）由线性空间转向多尺度空间

尺度（scale）作为地理学的核心概念之一，是表征地理空间规模、层次及其相互关系的量度。多尺度乡村空间不断被建构、解构、重构，研判多尺度乡村空间特征及其跨尺度协同逻辑，为理顺多层级空间治理体系，服务城乡空间治理现代化提供了理论和技术支撑。多尺度视角成为解析新时代乡村空间特征的重要切入点，多尺度乡村空间特征及其治理为打破城乡分治格局创造了条件（Meyfroidt et al.，2018）。在城乡交通扁平化、信息交换网络化、人口流通动态化等新形势下，乡村空间特征在城乡交互的跨尺度作用下呈现出多样化和复杂化趋势。传统乡村聚落体系研究和空间用途管制传导体系面临全新的命题和技术挑战，乡村空间多尺度响应特征和尺度适应性治理成为待解难题。

3）由场所空间转向流动空间

时空压缩的去地域化与乡村空间多尺度交互成为乡村空间流动性的重要特征。空间流动性与空间交互性改变了以“在地化”为研究核心的传统空间研究范式，随着信息技术的快速推进，数字技术导向的空间网络体系和智慧空间特征为揭示流动性空间模式与机制创造了条件。Woods（2011）研究了全球化背景下的乡村能动性与乡村转型。大数据时代，数字孪生、元宇宙等技术变革导致空间运转机制不断转变，乡村空间流动性显著增强，空间网络化趋势不断显现，也为跨尺度（cross-scale）空间响应提供了有效路径。乡村空间突破场所空间限制，在空间流动性的作用下成为改变乡村发展面貌的重要突破口。

2. 乡村空间利用形态特征

1）由城乡割裂转向城乡互动

城乡转型发展对乡村空间开发的影响主要表现为乡村空间利用形态由本地乡村主导转向城乡共同作用。传统乡村空间在城乡割裂的二元发展轨道中长期被忽视，乡村空间功能与价值定位被弱化，直接导致在快速城镇化过程中产生了“乡村空间”应转变为“城市空间”的错误认知。乡村振兴战略提出以来，从学术研究到政府管理，对乡村空间价值的认知已经发生重大转变，乡村空间作为农耕文明的发源地和文化传承的主要载体，为保障粮食安全、社会安全、经济安全创造了重要价值。城乡转型发展进而带来发展要素的城乡流动，改变了乡村空间的开发利用状态，乡村空间承载的地域功能体系和社会经济网络迅速变化。在新时代，研究乡村空间特征需将其置于城乡互动的“大熔炉”，探查城乡交互背景下乡村空间转型趋势及其重构机制更加具有现实意义。转型期，市场导向型、政府主导型、多元共治型等多种类型的乡村层出不穷。不同类型乡村的空间利用特征与差异化的城乡发展模式紧密相关，乡村空间开发利用特征已经成为揭示城乡转型类型的重要标志。

2）由线性形态转向非线性形态

乡村人地关系相互作用是乡村空间转型的内在机制，人地关系由线性向非线性转型的过程，将带来乡村空间利用形态的非线性转型趋势。传统乡村人地作用规律受制于本地乡村人口与土地利用的关系，人地交互作用逻辑决定了区域乡村生产生活状态，也成为塑造乡村空间线性开发状态的重要依据。如平原农区与山区存在截然不同的人地关系作用状态，以农业生产为主导的乡村空间开发利用趋势决定了乡村空间利用形态，乡村空间的转型与重构也同样遵循线性趋势。在新时代，乡村空间利用的驱动机制除受到区域内人地关系的影响外，区域外的非线性因素也将带来重要影响，成为驱动乡村空间非线性转型的重要诱因。乡村人地关系在发展要素城乡流动和时空数字化压缩背景下发生深刻改变，原本人地关系紧张的部分乡村一跃而起成为明星乡村，乡村空间利用形态发生颠覆性变化（如电商村庄、艺术型村庄），乡村空间重构呈现出非线性特征。

3）由地域综合转向分类管制

在新时代，乡村空间信息获取技术与方法逐渐完善，乡村空间管控由整体性管控向分类细化管制转变。传统数据贫乏时期，乡村空间长期被看成“整体性”空间，其内部结构状态难以得到有效的观测，地域综合体成为解析乡村空间演化逻辑的重要方式，将乡村空间的“整体性”认知概括为“综合体”的具体描述。现代信息获取技术、地理信息处理技术、地图综合技术的革新，使得揭示乡村空间内部信息成为可能，进而为细化乡村空间用途管制、提升乡村空间认知水平创造基础信息条件。基于现代信息技术、遥感技术、数据模拟技术、数字仿生技术，开发乡村种子数据源，训练乡村空间典型样区数据样本，为大规模生产乡村空间地理数据创造条件，进而改变乡村数据“贫矿”的现实壁垒，推进数字乡村基础网络建设。基于此，现代乡村空间在信息技术的支持下成为可观测、可计算、可模拟的空间，此外，数据精度提升为乡村空间管控模式创新奠定了基础，推动了乡村空间分析范式创新，服务于乡村空间治理现代化。

4）乡村空间特征思维范式转型

地理学擅长通过综合分析手段解析地理要素特征，地理综合研究是整体性认知与理解地理系统的重要途径，地理综合甚至成为新时期地理学创新与突破的根本任务。区域性一直被认为是地理学的研究核心和基本特征，是地理过程和类型综合研究的概括和总结。虽然以追求区域差异为核心的“区域学派”与崇尚科学规律一致性的“计量学派”经历了广泛的论战，但区域性仍在地理学科体系中占据重要地位。地理综合和区域差异已成为地理学分析的通识逻辑，综合性和区域性思维范式对以人地关系研究为核心的地理学产生了深刻影响。随着经济全球化和全球可持续危机的出现，地理流动性日益被学者们重视，并逐渐成为新的分析范式。

Liu等（2007）提出了“远程耦合”（telecoupling）分析框架，探讨了社会、经济、环境的远距离相互作用机制，用“流”连接不同的耦合系统，系统建构了空间流动性对复杂系统作用的内在逻辑。谈明洪和李秀彬（2021）探讨了人地关系思维范式从本地化到全球网络化的转型趋势，揭示了地域开放性和不同地域交互作用对传统人地关系思想带来的冲击，进一步提出应该突破“一方水土养一方人”的传统空间思想。因此，流动的空间相对于静止的空间（场所空间）已广泛影响人类的生产生活，空间的流动性及其与静止空间（场所空间）之间的互动作用逻辑成为未来地理学必须关注的命题。空间流动性是区域性和综合性分析范式的有益补充，完善了地理要素流动带来的空间交互机制，对提升空间分析的适宜性和完善人地关系理论具有重要推动作用。从地理学综合性、区域性和流动性思维范式出发，探索新时代乡村空间特征将有助于完善乡村空间系统认知，为建构新时代乡村空间治理体系、服务城乡融合发展目标创造条件（图1-3）。

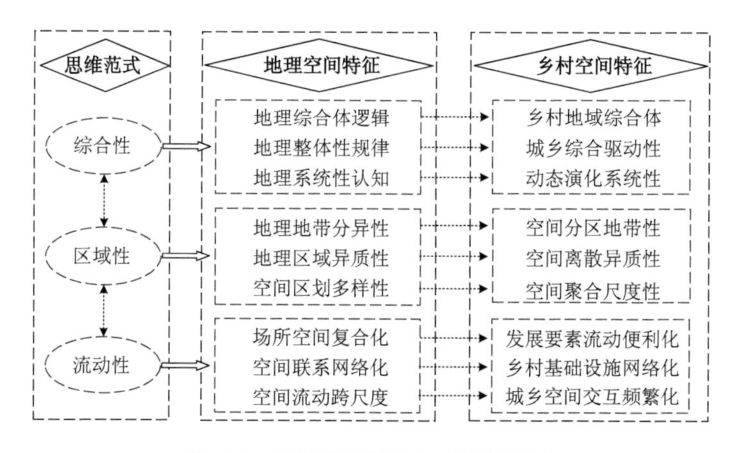

图1-3 地理学思维与乡村空间特征

1.3.2 乡村空间治理与城乡融合发展的学科定位

空间治理是优化城乡关系和推动城乡融合发展的关键举措。乡村空间具有多元价值属性，建立集权与分权相结合、层级差异有序的乡村空间治理体系为实现治理现代化目标提供了有力支撑。空间治理通过调节关键空间资源的配置来实现对区域空间结构和功能的管理。土地发展权配置与流转是中国空间治理体系的重要组成部分，是土地要素市场化改革的重要内容。建立城乡统一的土地发展权市场交易体系是优化乡村土地发展权配置、保障收益分配公平的有效手段，通过协调不同利益主体、部门和机构之间的合作关系，优化城乡价值分配。通过土地整治、空间规划等措施手段协调城乡空间结构和功能系统，重构城乡国土空间格局和治理体系，而城乡关系转型又将反作用于治理行为、社会治理逻辑和市场治理策略，以多维治理联动、利益协调推动城乡系统向良性发展。打破城乡二元体制、迈向城乡共治是新时代城乡融合发展的内在要求和治理趋势。

乡村空间治理通过延伸和疏通城乡互动强度与通道，实现城乡空间开发格局的重构，为构建公平的城乡关系奠定基础。通过改变城乡互动“强度”和“通道”实现对城乡关系的优化，重构城乡发展要素流动格局、城乡空间结构特征、城乡空间功能体系，进而建立起全新的城乡互动关系，提升互动强度。在乡村空间综合治理基础上优化乡村地域系统的结构和功能，是新时期推动城乡融合发展的重要保障与关键任务。目前，在探讨空间治理与城乡关系优化互动研究方面，多数研究以构建理论概念框架为抓手进行定性探讨分析，尽管部分学者通过建立计量模型解析城乡发展空间均衡的动态过程与传导机制，但总体上空间治理优化城乡关系定量研究相对缺乏。

乡村空间治理通过推动城乡国土空间用途管制、城乡主体公平博弈、城乡发展要素流动、城乡权利均衡配置，促进城乡关系优化。以乡村空间为治理对象，以空间资源分配为核心，在乡村多元主体（政府、市场、社会群体等）的共同参与下，通过规划和协商等方式，协调主体间权益关系，实现乡村空间用途有效管制和权利有序配置，促进城乡空间的有效、公平和可持续利用，以及各地区间相对均衡发展。通过乡村空间治理重塑城乡空间价值分配格局，推进城乡市场连通机制、价值分配机制、功能互补机制的建立，有利于构建新型城乡关系。

城乡融合发展过程中，城乡发展格局的不协调和城乡关系的不和谐将进一步推动新一轮的乡村空间治理过程，构成了城乡互动关系的循环系统。乡村空间综合治理是一个持续且系统的工程，因此不能寄希望于短时间内彻底完成乡村空间治理任务，在短期实现城乡融合发展的宏大目标。现实中，以部分成熟的乡村空间治理手段为突破，撬动城乡融合发展进入良性的转型通道，在这个过程中城乡发展格局和城乡互动关系不断演变，城乡转型发展冲突成为推动新一轮乡村空间治理的新动力，进而激发新的乡村空间治理需求。据此，城乡融合发展与乡村空间治理形成良性的互动作用关系，推动城乡融合发展格局不断演进（图 1-4）。

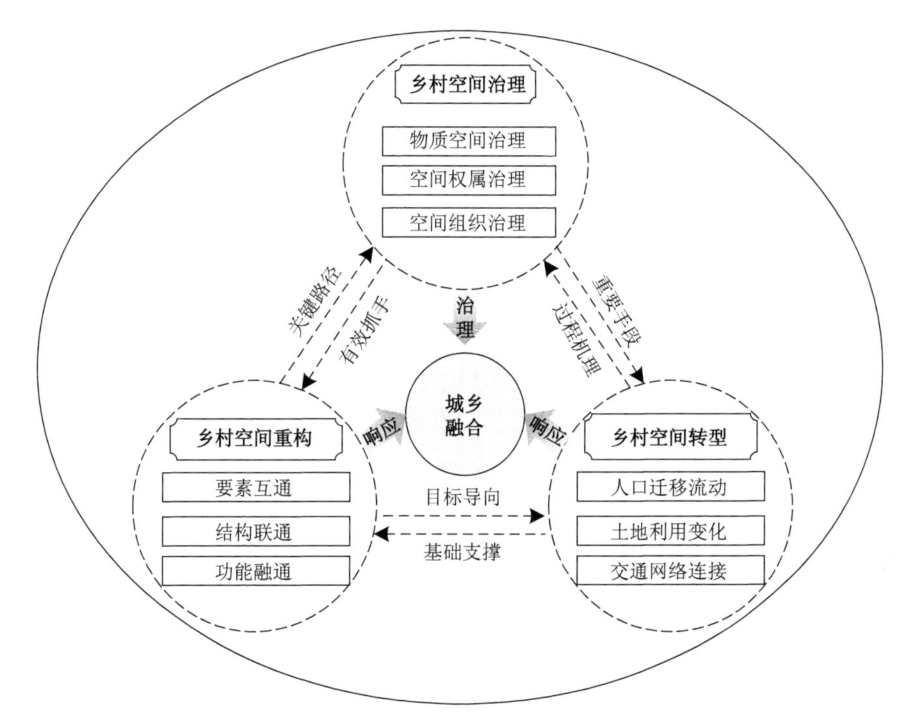

图 1-4　乡村空间转型、重构与治理的逻辑关系

乡村空间治理在推动城乡融合发展中起到了关键作用，在部分地方的实践中取得了较好的成效。2016 年以来，以江苏省北部邳州市开展的乡村公共空间治理为代表的乡村空间治理行动在推动欠发达地区乡村转型发展中取得了良好的示范效果。乡村空间面貌显著改善，人居环境得到有效治理，乡

村地区持续衰落得到有效遏制，城乡融合发展进入良性通道。乡村空间治理在重建城乡发展关系中起到了关键作用，为持续推动城乡融合发展提供了有力保障。

1.4 本书框架

从城乡空间综合认知的理论分析范式出发，探讨乡村空间结构演化规律及其治理路径，有利于完善空间综合地理学的学科发展，也为完善人地关系地域系统理论提供新视角。城乡空间综合认知是现代人文地理学亟待突破的科学问题，建构全域、全要素、全价值的乡村空间综合认知理论，有利于完善乡村地理学的学科属性。从乡村空间认知的理论割裂、国土空间管控体系的“城乡分治”、城乡空间用途管制的“传导受阻”困境出发，探讨城乡空间融合的理论体系和实践机制。从城乡空间结构连通、城乡空间功能互通、城乡空间价值流通的内在机制和互动作用逻辑出发，探讨城乡空间综合面临的现实困境，总结面向空间治理现代化的乡村空间治理问题，具有重要的时代意义。以城乡空间一体化治理为突破，建构面向城乡融合发展的乡村空间治理理论分析范式和实施体系，为深化乡村地理学的学科特征提供新的增长点。

建构面向城乡融合发展的乡村空间治理体系和实施路径成为解决城乡转型发展和城乡空间统筹治理困境的有效手段。基于乡村空间转型的多维特征、尺度响应、驱动机制，以破解城乡融合发展的空间利用问题为关键手段，建构面向多目标的乡村空间治理体系，有利于完善城乡空间治理现代化的理论基础。从多维度乡村空间理论出发，探讨多维度乡村空间治理的内在机制，结合城乡国土空间规划、乡村振兴诉求、土地利用转型等趋势，研究面向城乡融合发展的乡村空间治理内在机制，进而理顺城乡转型的空间秩序、空间逻辑。结合多尺度乡村空间治理理论与实践，探究面向城乡融合发展的乡村空间多尺度响应内在机制。从治理主体、治理内容、治理目标、治理路径等环节出发，总结多类型治理案例的现实逻辑。从乡村空间用途管制视角出发，探索自然资源综合管理和多元主体协同的乡村空间治理可行方案，研究落实城乡融合发展的乡村空间治理路径（图 1-5）。

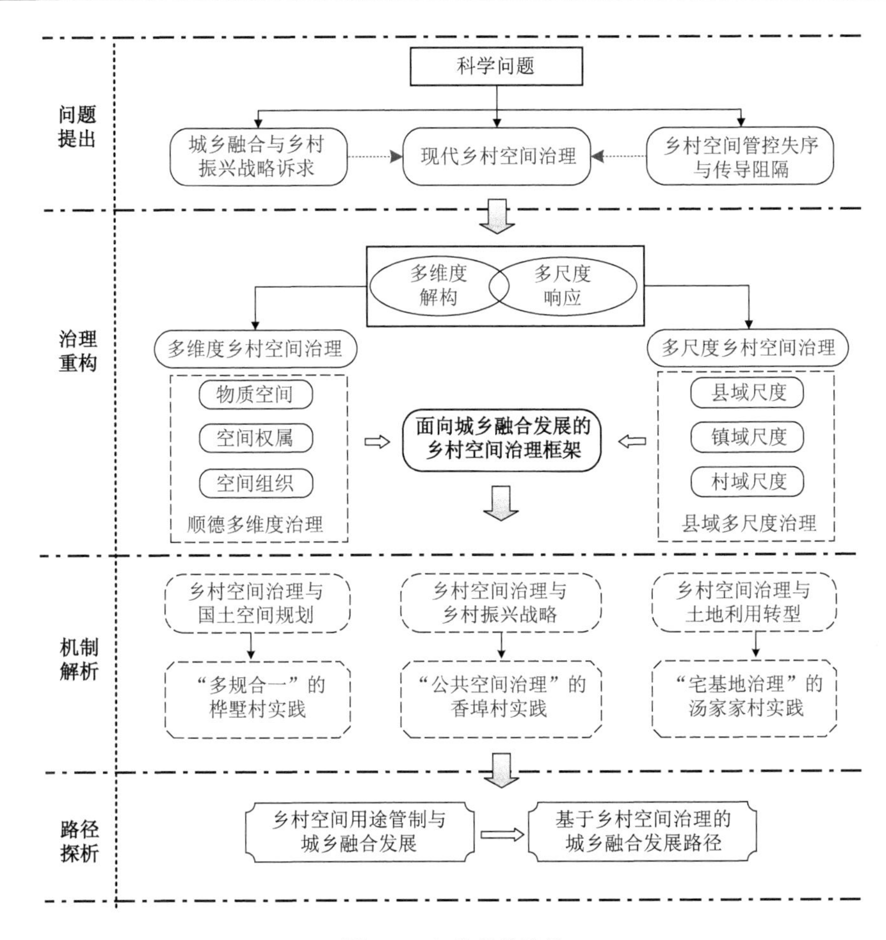

图 1-5 本书章节结构

本书从人地关系相互作用的理论逻辑出发，通过城乡空间地域系统的理论认知，解析乡村空间“多维度”和“多尺度”综合的构成体系，从乡村空间治理“过程、机制、路径”出发，探讨新时期乡村空间综合治理的可行方案，服务国家治理现代化的现实诉求，为城乡融合发展提供空间支撑。本书的特色之处是将城乡转型发展置于城乡互动的宏观背景下，着力从乡村空间治理理论命题和实践破题出发，总结新时代面向城乡融合发展的乡村空间治理理论与实践方案。分析过程中将典型案例与理论分析相结合，通过理论建构突破学科困境，基于案例实践总结路径突破，在理论与实践结合的基础上回答时代新问题。

本书以乡村空间治理为研究对象，瞄准城乡融合发展过程中乡村空间管控的难点，尝试以乡村空间综合治理为突破口，建构面向城乡融合发展的乡村空间支撑理论体系和实践路径，进而完善城乡地域系统转型的内在逻辑。在“多维度”和“多尺度”乡村空间治理建构的基础上，本书分别从国土空间规划、乡村振兴战略、土地利用转型三个方面，探讨新时期乡村空间治理的战略落脚点，基于乡村空间用途管制落实乡村空间治理路径，进而形成面向城乡融合发展的乡村空间治理逻辑体系。

参考文献

戈大专. 2023. 新时代中国乡村空间特征及其多尺度治理[J]. 地理学报, 78(8): 1849-1868.

戈大专, 龙花楼. 2020. 论乡村空间治理与城乡融合发展[J]. 地理学报, 75(6): 1272-1286.

戈大专, 陆玉麒, 孙攀. 2022. 论乡村空间治理与乡村振兴战略[J]. 地理学报, 77(4): 777-794.

戈大专, 孙攀, 汤礼莎, 等. 2023. 国土空间规划支撑城乡融合发展的逻辑与路径[J]. 中国土地科学, 37(1): 1-9.

李兵弟. 2021. 农村住房制度构建与国家住房制度深化改革——城乡融合发展的顶层制度设计[J]. 城乡建设, 1: 25-33.

刘彦随. 2018. 中国新时代城乡融合与乡村振兴[J]. 地理学报, 73(4): 637-650.

龙花楼. 2012. 中国乡村转型发展与土地利用[M]. 北京: 科学出版社.

龙花楼. 2013. 论土地整治与乡村空间重构[J]. 地理学报, 68(8): 1019-1028.

谈明洪, 李秀彬. 2021. 从本土到全球网络化的人地关系思维范式转型[J]. 地理学报, 76(10): 2333-2342.

叶超, 于洁, 张清源, 等. 2021. 从治理到城乡治理: 国际前沿、发展态势与中国路径[J]. 地理科学进展, 40(1): 15-27.

周国华, 刘畅, 唐承丽, 等. 2018. 湖南乡村生活质量的空间格局及其影响因素[J]. 地理研究, 37(12): 2475-2489.

Halfacree K. 2007. Trial by space for a ‘radical rural’: Introducing alternative localities, representations and lives[J]. Journal of Rural Studies, 23(2): 125-141.

Liu J, Dietz T, Carpenter S R, et al. 2007. Complexity of coupled human and natural systems[J]. Science, 317: 1513-1516.

Meyfroidt P, Roy Chowdhury R, de Bremond A, et al. 2018. Middle-range theories of land system change[J]. Global Environmental Change, 53: 52-67.

Navarro F A, Woods M, Cejudo E. 2016. The leader initiative has been a victim of its own

success. The decline of the bottom-up approach in rural development Programmes. The cases of Wales and Andalusia[J]. Sociologia Ruralis, 56(2): 270-288.
Woods M. 2011. The local politics of the global countryside: Boosterism, aspirational ruralism and the contested reconstitution of Queenstown, New Zealand[J]. GeoJournal, 76(4): 365-381.

第2章 乡村空间治理研究进展

2.1 乡村空间

乡村空间是指城市建成区以外乡村地域上人地关系相互作用的物质载体。乡村空间区别于自然空间的核心特征是其“人”化的空间表征，抽象乡村空间内涵不能脱离“人”与“地理环境”相互作用的内在逻辑，进而形成具有乡村特色的空间表征体系。“人”的社会经济属性又强化了乡村空间兼具的自然环境、社会经济、人文文化等综合属性（刘彦随等，2019）。乡村国土空间内嵌于乡村空间，突出强调了空间的自然资源属性和社会经济属性，乡村国土空间是人们日常生活接触最密切的空间，土地利用是乡村国土空间最具代表性的空间表征（戈大专和龙花楼，2020）。城乡转型进程中，城市空间与乡村空间交互作用日益频繁，部分地区呈现空间的融合性（McGee，1991），兼具城市空间和乡村空间的特征，这也导致城市空间与乡村空间难以区分，进而出现“城乡连续体”“城乡有机体”等凸显城乡空间难以分割的空间表征（刘彦随，2018）。城乡空间是指城市空间和乡村空间的有机整体，突出城乡空间的整体性和交互性。

物质性乡村空间特征及其内在机制是开展乡村地理研究的理论基础，也是乡村空间研究的主阵地。社会活动学家 Castells（1996）认为空间是社会的表现（expression），而不是对社会的反映（reflection），他进一步将空间界定为共享时间之社会实践的物质支撑。国内外学者针对乡村空间内涵进行了诸多论述，不论是国外学者 Halfacree（2007）的乡村空间三重模型，还是国内学者关于乡村地域（空间）系统多维空间范畴的讨论（张小林，1998），都拓展了乡村空间的概念内涵和认知体系。后生产主义主导下的国外乡村地理研究，逐渐将“社会-文化”导向的空间研究应用于乡村空间的界定（王丹和刘祖云，2019；Woods，2011a），进一步凸显了社会文化活动对乡村物质空间的改造（由生产功能主导到多功能并存）。

国内学者张小林（1998）从乡村空间系统的视角理解乡村聚落空间及其延伸的乡村社会文化空间。龙花楼（2013）从乡村三生空间（即生产、生活、生态空间）视角论述了乡村空间重构的内在机制。刘彦随等（2019）从乡村地域系统的整体性认知出发，对乡村空间进行了详细的阐述，并进一步提出乡村地域系统是具有一定结构、功能和区际联系的乡村空间体系。在文化转型导向下"田园牧歌式"的乡村空间内涵界定是否适用于当前中国转型发展阶段仍待观察（戈大专等，2022），基于地理学区域性和综合性分析范式，物质性乡村空间特征研究仍具有旺盛的学科生命力（Long，2020；Woods，2011b）。

在新时代，面向城乡融合发展和全面乡村振兴目标，从城乡空间结构联动和价值流动视角解析乡村空间特征具有现实意义。中国乡村空间研究既要把握新发展阶段"三农"问题的战略转型，也不能脱离城乡发展阶段而建构"空中楼阁式"的"乡村图景"。中国刚刚解决农村绝对贫困问题，乡村转型发展阶段与发达国家存在明显的差异，这也直接决定了新时代乡村空间特征认知与理解不能抛开中国的现实情况（陆大道，2011；李红波等，2018）。中国语境下的乡村空间研究，不能抛开与城市空间的联系，更不能脱离中国城乡转型的大背景，城乡空间割裂成为建构新型城乡关系亟待破解的空间关系特征。乡村空间特征长期以来是乡村地理学者关注的重要议题，不论是乡村空间结构和功能特征（如聚落集中化和功能复合化等），还是乡村空间转型趋势特征（如宅基地利用空废化、耕地利用边际化等），均主要聚焦乡村空间自身特征的系统研究。面向时代发展新诉求和城乡转型发展新目标，传统地方性乡村空间特征研究难以适应新时代城乡空间融合的需求（郝庆等，2021；岳文泽和王田雨，2019）。

乡村空间内涵解析是推进乡村空间转型与重构研究的理论基础，有利于推进多维度乡村空间理论与实践的不断深化。城乡社会经济转型与空间重构不断改变乡村聚落形态与空间组织方式，传统乡村空间由单一性、均质性走向多元化和异质化。国外关于乡村空间的研究起步较早，关注的热点经历了由物质、意象到"地方-表征-主体"的综合，强调乡村空间成为网络效应的集合体，在全球化、商品化和新自由主义合力下出现乡村空间后生产性转型、城乡移民与第二家园建设（Argent and Tonts，2015），使得乡村空间呈现多维复杂特征（Perkins et al.，2015）。从国内来看，城乡融合发展背景下的农业多样化、就业非农化与人口多元化不断推动乡村空间功能逐渐突破单纯农业生产特性，针对乡村空间混杂性与乡村空间多元分化的关注也不断增多，推动了乡村空间功能重构（龙花楼和屠爽爽，2017）。诸多学者以人地关系地域系统为理论基础，尝试建构了由“物质空间-社会空间-文化空间”组成的乡村空间系统分析逻辑框架（张小林，1998）。

城乡关系转型机制与乡村地域系统演变规律为乡村空间内涵解析提供了更多视角。城乡空间连续谱系与乡村空间相对性、动态开放性、地域差异性密切相关，导致乡村空间兼具经济、社会、生态、文化和组织等复合功能（叶超等，2021）。乡村空间功能的优化转型，可为乡村振兴和城乡融合战略推进提供动力支撑。以物质空间、空间权属、空间组织为代表的乡村多维度空间，为乡村空间综合解构提供了新的视角。已有乡村空间研究多聚焦空间的变化，探索乡村空间转型机制、商品化逻辑、时空演化、地域功能、优化调控（刘彦随，2018），而针对乡村空间演变机理的研究仍相对欠缺，落实乡村空间转型与优化重组仍缺乏有效抓手。

2.2 乡村空间治理

1. 新时代空间治理体系

“治理”是国家事务和资源配置的协调机制。“治理体系”是指治理主体在公域或私域的治理过程中形成的一套相互作用、相互依存的，以制度为主体、以关系为基础、以技术为纽带的有机体系。治理作为一种理念最先被城乡规划引入，之后城乡规划的基本属性完成了从空间营建的“技术工具”向调控资源、指导发展、维护公平、保障安全和公共利益的“公共政策”的转变历程。

空间治理以国土空间作为治理对象，通过资源优化配置实现国土空间的有效、公平和可持续的利用，以及各地区间相对均衡的发展，是推进国家治理体系和治理能力现代化的重要内容（Berisha et al.，2021；樊杰和郭锐，2021；刘卫东，2014）。新时代空间治理作为一种策略，通过对物质空间的规划、改造、调整和管理，影响空间中的政治、经济和社会主体关系，以此来达到治理目标，在实践中通常采用国土空间规划、行政区划调整和网格化管理等方式。与此前的“管制”概念不同，“治理”强调多方参与，其中政府仅是权威的一方，其他方包括市场机制、社会参与等多方行为主体。

综合来看，空间治理具有两层含义：一方面是针对国土空间构成要素的各种治理，通过保护、开发、利用、整治等行动来提升国土空间各类要素的质量，以及形成更加合理有效的空间格局；另一方面是在国家和社会治理中，以一定空间范围为单元所开展的综合治理，从治理的基本概念上讲，政府、市场、社会的交互作用也主要发生在这样的范畴之中。前者是要素性的治理，可以分解为特定领域、部门、团体的工作；后者是各领域、各部门治理工作的统合，强调对各类要素、各类行动关系的统筹协调（朱从谋等，2022）。

伴随着新型城镇化、现代化及生态文明建设的推进，空间治理研究侧重国土空间治理、公共空间治理等方面，从空间开发权等视角，更加关注社会空间、生态空间的综合治理。新时代空间治理的重要目标是达到空间发展的均衡状态，实现空间正义。基于市场机制的空间资源配置，容易导致空间的不平衡发展，这是市场机制自身无法避免的固有矛盾。因而，空间治理承载着纠正市场对空间的不合理支配的功能，以避免空间的不平衡发展。如何推进空间平衡发展以实现空间正义，需要借助治理的多元参与、协商共治等机制，寻求空间利益诉求的平衡，并在互动中重构空间主体关系和空间秩序。空间治理是国土空间治理的延伸和重要抓手，空间治理能力和水平的提升是解决“人民日益增长的美好生活需要和不平衡不充分的发展之间的矛盾”的有效手段。

城乡空间是一个相互影响、相互制约的整体，具有显著的层次性和系统性，各级各部门面对重要的空间问题，应形成一股合力，在空间治理的战略规划、协调管控等方面达成共识，协调利益冲突，避免重复建设，从而提高空间治理的整体效率。新时代的空间治理强调深入的合作和参与，治理主体呈现多元化特征，实现空间的有序治理需要合理运用行政手段、合理引入市场机制、充分发挥社会力量，推进治理主体的多元化。

2. 乡村空间治理体系

乡村空间治理以乡村国土空间为治理对象，在乡村多元主体参与下，治理不适应乡村发展的空间状态（形态），进而落实乡村空间用途管制策略，实现乡村空间结构与功能优化，推动城乡空间公平配置。长期以来，城乡二元体制和城乡隔离制度束缚了乡村空间的发展，乡村空间面临资源与人口的诸多问题，如环境污染、建设用地弃置及文化空间衰退、人口空心化、村落空间消亡、地域认同感消失、村民自主性缺失等问题。乡村空间治理是解决乡村空间发展不平衡、不充分问题的重要手段，同时也是推进城乡融合发展战略的重要途径。

乡村空间治理强调社会创新，激发农村自我组织力，发掘内生发展动力，实现城乡空间权力与权利平衡，推动空间权利赋予、空间价值流向、空间主体博弈有序开展，落实区域间、主体间、层级间的可持续开发（Bock，2016；Morrison et al.，2015；叶超等，2021）。激发乡村空间内生发展动力、探究多元主体参与路径成为乡村空间治理关注的热点问题（周尚意等，2019）。发达国家乡村空间治理经历了从“自上而下”政府主导型向市场和社会力量加强的“自下而上”的转变，注重乡村自发治理能力的提升，以LEADER计划为代表的乡村发展政策成为乡村空间治理模式的核心动力（Esparcia et al.，2015；MacKinnon，2002）。

人地关系地域系统理论是乡村空间治理的理论基石，人地关系地域系统是由人类社会和地理环境两个子系统在特定的地域中交错构成的一种动态结构（吴传钧，1991；樊杰，2018），包含了自然、经济、社会、文化等各类空间要素与非空间要素，其中，“人-地-业”相辅相成又相互制约，构成人地关系地域系统的三大核心要素。遵循人地关系地域系统理论以系统要素相互作用机制及演化趋势为核心的研究主题，龙花楼和屠爽爽（2017）从乡村地域系统“要素-结构-功能”演化视角构建了乡村重构理论框架，对要素相互作用机制、政府干预、重构路径展开探讨，认为系统内外多种要素交互影响推动乡村重构的进程，大大推进了以人地关系地域系统为核心的乡村空间治理研究。多维度、多目标、多主体治理体系成为乡村空间治理研究的核心内容。针对城市空间扩张对农业用地的侵占，乡村农业用地管理及耕地多功能价值研究为丰富生态文明背景下的耕地保护与治理提供了理论支撑（Boudet et al.，2020；孔祥斌，2020）。李广斌和王勇（2021）则基于自主性空间治理内涵，从内生权威和土地资本化两个空间治理关键要素出发，构建了自主性乡村空间治理分析框架。因此，构建多元治理主体、多维治理关系、多重治理目标综合作用的乡村空间治理体系，是实现乡村空间价值增值、组织完善、高效运转的保障。协调各主体间的利益矛盾关系为乡村空间治理的资源重组、关系重构、价值重塑奠定了基础。

3. 乡村空间治理与乡村治理

乡村空间治理立足空间形态治理，优化乡村地域系统整体运行状态。乡村治理是社会学和政治学长期关注的话题，其聚焦于乡村社会接触过程中形成的各种关系。乡村空间治理从空间承载性、空间复杂性、空间异质性出发，重点探讨通过治理空间形态改变乡村人地关系的地域格局，进而服务乡村发展的现实需求（戈大专等，2022）。乡村治理重点关注乡村社会管理和乡村自治对乡村发展的影响，与空间治理存在较大差异。乡村空间治理通过凸显空间治理的尺度特征、综合特征、区域特征，强化地理空间在乡村发展中的重要作用，具有鲜明的学科特征。

乡村治理和乡村空间治理有密切的联系，乡村治理和乡村空间治理的研究都是对中国乡村发展强有力的实践关怀。作为乡村研究的重要支撑，乡村治理和乡村空间治理的研究都常常采用田野调查方法，乡村治理倾向于对村庄秩序、村规民约、组织架构、经济运作、集体认同等方面进行调查；而乡村空间治理倾向于对乡村土地利用、乡村空间转型等方面进行调查。乡村治理和乡村空间治理在一定程度上都站在村民的角度，理解村民在土地利用转型和社会制度安排中的获益或受损。乡村空间治理与乡村治理彼此支撑、相互统一，乡村治理关注乡村的外生条件和内在基础，而乡村空间治理同样关注影响乡村空间变化的内源性因素和外源性因素，以此来诊断乡村重构的主控因子和动力机制。乡村治理对乡村经济制度、乡村权力运作的研究历史悠久、成果丰富。乡村空间长期面临空间属性不清、空间结构混乱的问题，而乡村治理的研究则可以为乡村空间治理在空间属性和空间结构方面的深入研究提供实践依据和结论支撑。乡村空间治理立足于地理学的空间视角，紧扣人地关系的人文地理研究传统。乡村空间治理对于人和自然环境关系的关注恰恰是乡村治理所缺乏的。实际上，无论是乡村治理还是乡村空间治理，最终都服务于乡村未来发展和增进农民福祉。乡村空间治理对乡村资源禀赋和环境基底的尊重是乡村治理研究的补充。

乡村治理和乡村空间治理在研究焦点、研究方向和研究主题方面都存在不同。乡村治理关注的焦点集中在公共权力问题上，贺雪峰（2005）将乡村治理的研究归纳为三个方面，分别是对中国农村长远发展的制约因素的思考、中国农村非均衡状况的原因和后果、对村庄的微观把握，即从宏观、中观、微观的角度研究乡村治理。乡村治理研究的兴起与人民公社解体和村民自治的推行有关，乡村治理研究的核心是理解村民自治的机制及其内在逻辑。乡村空间治理关注的焦点集中在乡村地域系统“要素-结构-功能”的演化上，实际研究过程中很大程度上倾向于关注乡村微观的“要素-结构-功能”系统。随着研究的深入，乡村空间治理研究不仅关注乡村微观，还从宏观上寻找乡村空间问题的解决方案，即乡村空间治理的答案不仅局限在乡村内部，乡村空间治理研究的核心是在乡村空间分异的基础上研究乡村发展的动力机制。

乡村空间治理推动城乡国土空间用途管制、城乡主体公平博弈、城乡发展要素流动、城乡权利均衡配置，有利于优化城乡关系。可以看出，乡村空间治理重点从城乡空间形态的结构性矛盾出发，尝试从空间多元治理手段入手，建构扎根于地理空间的乡村空间治理分析框架。乡村空间治理既体现了乡村物质空间整治的现实需求，又尝试治理物质空间承载的社会关系，进而优化乡村空间的组织和权属关系，形成合力，持续推动乡村转型发展。因此，乡村空间治理由优化土地利用结构转化为协调乡村空间社会关系、凝聚乡村发展动力、重构乡村发展基础、推动城乡融合发展的综合体系。

4. 乡村空间治理与城乡转型发展

乡村空间是乡村发展的根基，乡村空间利用不合理是限制乡村发展的重要因素，也成为推动城乡融合发展的重要障碍。当前，不同领域学者尝试从各自学科优势出发，探讨城乡关系纾解的实施路径和未来方向，关于城乡转型发展的理论建构仍处于深化和分化阶段（Chen et al.，2020）。刘彦随等（2009）在开展空心村整治研究中提出了以空间重构、组织重建和产业重塑为特征的空心村“三整合”模式。龙花楼（2013）探讨了乡村三生空间（生产、生活和生态空间）重构的模式，解析了农用地、空心村与工矿用地整治推动乡村空间重构的理论和实践路径。随后，龙花楼等（2018）进一步阐述了土地整治与乡村振兴的互动关系。当前，乡村生产空间（如耕地和工矿用地）、生活空间（以农村居民点用地为主）和生态空间的整治需要综合考虑乡村发展目标。乡村多维空间整治为优化乡村空间结构和功能提供了有力工具。因此，在乡村空间治理基础上优化乡村地域系统的结构和功能是新时期推动城乡转型发展的重要保障。

在城乡二元体制影响下，人口、土地、交通等要素流动不畅和结构失调阻碍了城乡空间功能价值统一（Laurin et al.，2020；何仁伟，2018）。城乡空间结构性矛盾突出，加剧了农业生产要素高速非农化、农村建设用地日益空废化及水土环境严重污损化等乡村空间问题，限制了城乡转型发展（刘彦随，2018）。城乡空间转型在市场、规划双向驱动下呈现规律化、趋势化、无序化、斑块化的耦合。诸多乡村地理学者关注乡村空间开发与利用给城乡转型带来的影响，乡村多维空间整治为优化乡村空间结构和功能提供了有效手段。

城乡空间良性转型为推动高质量发展的国土空间布局提供支撑，既符合城乡转型发展的客观需求，也为构建和谐的城乡融合关系创造条件。城乡空间转型带来乡村空间收缩、城乡土地利用类型转变和空间布局演化、空间网络重构等问题；也为农业生产组织化和社会资本融入乡村提供条件，改变乡村空间权属和组织体系（Bizikova et al.，2020）。城乡空间结构的点、线、面是城乡地域系统生态网络体系的重要组成部分，优化土地利用结构功能，促进城乡生态系统融合，为城乡可持续发展提供基础保障（McDonald et al.，2020）。以国土空间用途管制为目标，构建“同地、同权、同价、同责”的城乡统一建设用地市场体系，使乡村共享城镇化发展红利，充分发挥农村土地资本化的价值红利，有利于支撑城乡融合发展（黄贤金，2019）。

2.3　城乡融合发展

2.3.1　城乡融合发展内涵界定

城乡融合发展是基于城市和乡村的功能差异，促进城乡要素自由流动与配置均衡、城乡结构有机协调、城乡权利价值统一的动态过程，强调城乡空间的动态均衡与制度供给创新，是实现经济、社会、环境全面融合发展的综合过程。城乡融合发展通过城乡资源要素双向流动，促进经济、社会、生活、生态空间功能和结构优化，使城乡差距不断缩小，最终实现城乡居民生活质量均衡，城乡发展有机协调、交融一体（Mitchell，2004）。城乡融合是城乡转型发展的高级阶段，其基本特征为人口在城乡间的双向流动的人口融合、土地利用混合性和多样性的空间融合、乡村经济非农化及城乡产业结构趋同化的经济融合、城乡居民认知和观念差异缩小的价值融合（刘守英和龙婷玉，2022）。农村与城市协同发展，强调政府宏观调控和市场机制基础性配置作用的有机融合。

城乡空间结构性矛盾突出（Shi et al.，2021），造成乡村空间价值被低估，限制了城乡融合发展（刘彦随，2018；Barnes et al.，2020）。通过推动城乡发展要素流动、城乡国土空间用途管制、城乡主体公平博弈、城乡权利均衡配置，促进城乡关系优化与城乡融合发展。基于要素流通视角构建城乡界面动态演化机制及空间尺度效应，为城乡融合提供空间载体（乔家君和马玉玲，2016）。城乡空间转型在市场、规划双向驱动下呈现规律化、趋势化和无序化土地斑块组分的耦合（Peng et al.，2018；宋志军等，2021）。城乡转型过程的异速不同步与城乡转型格局的异构非均衡现象并存。推动新型城镇化和乡村振兴两大国家战略有机结合并进行城乡共治是实现城乡融合的关键（Ye and Liu，2020）。

从城镇和乡村两个地域系统的联系来看，城乡融合是两个内部要素的相互作用，导致城镇或乡村系统发生性质、功能、格局的变化，共同进化为更高阶的统一体。魏清泉（1998）通过分析东莞乡镇企业的发展模式，总结了城乡融合的四个特点，即城乡界限模糊、城乡交流增强、城乡差距缩小及乡村劳动力就业多元化。城乡融合是城乡发展的最佳状态，密切的依赖性与深刻的渗透性使得城市或乡村无法离开另一方的支持而运行。城乡融合可以看作是人工文化环境与自然环境的有机结合，城市是依赖于人为力量而建成的空间，而城市周围的乡村地区就是具有生机活力的生态源泉，可形成既能充分发挥城市职能又兼具田园活力的理想形态（罗新阳，2005）。何仁伟（2018）认为城市和乡村是不可分割的命运共同体，乡村振兴战略激发了乡村活力和内生动力，城市通过“涓滴效应”推动资源双向流动，从而补齐城乡融合发展短板，逐步缩小城乡差距。袁莉（2020）把城乡融合视作城乡相互作用的新阶段，该阶段城市与乡村互相开放，持续交换物质、能量及信息，城市系统与乡村系统的功能互相补充或互相支持，不同层级的城镇与乡村从独立分散的状态转向互相联结的循环网络，城乡系统耦合为一个共生发展的统一体。

从系统论和整体性的角度出发，城乡融合是一个由经济、社会和空间互促共进的多元复合体。城乡融合发展保证城镇与乡村居民的发展权利公平，即使两者可能有不同的生活方式，但仍然可以享受同等的生活水平。城乡融合是城乡差异发展与城乡互补发展的协同过程，重视城乡生活质量的均衡化，乡村应享有与城市相同配置的基础设施、公共服务、社会保障和基本权利（Liu et al.，2013）。城乡融合阶段，城镇与乡村的角色不再是被服务者与服务者，应该破除边际壁垒，使要素平等交换，创新发展机制，逐步形成共同繁荣的新型城乡关系。

城乡系统的复杂性体现在经济、人口、空间、社会和环境等多维度的互动作用上。城乡融合是以公平开放的基础为前提，城乡空间内资源要素能够自由畅通地双向交换，产业联系网络持续扩展，保障机制稳定巩固城乡关系，从而构建的协同发展、多维融合、良性运转的城乡系统（马志飞等，2022）。陈磊等（2022）以多维度解析城乡融合的内涵，分别从职能分工、环境渗透、要素流通、体系保障、公共服务及收入水平六个方面构建城乡融合的内涵框架。城乡融合发展是城市地域系统与乡村地域系统差距不断缩小的过程，通过它可以达到城乡功能互补、城乡要素分布协调、城乡保障公平等目标（陈磊等，2022）。

2.3.2　城乡融合发展研究进展评述

不同学者分别从要素流动（王春光，2001）、土地市场（陈坤秋和龙花楼，2019）、资源配置（刘明辉和卢飞，2019）等视角评估区域城乡融合水平与发展格局，并揭示城乡融合发展的影响因素与驱动机制。围绕省域（谭鑫和曹洁，2021）、市域（谢守红等，2020；张海朋等，2020）、县域（陈磊等，2022）等不同尺度，基于夜间灯光数据、兴趣点（point of interest, POI）数据与手机信令数据等多源数据评价城乡耦合协调程度是城乡关系研究的重要内容（吴燕和李红波，2020；Tian et al.，2021）。对于城乡融合发展驱动因素的研究主要从城乡互动作用与城乡差距两方面深入。通过运用耦合协调度模型、地理探测器模型（张海朋等，2020）、主成分分析法（李志杰，2009）、灰色关联（王颖等，2020）、空间自回归模型（王艳飞等，2016；黄禹铭，2019）等探测城乡发展的空间格局与影响因素；对于城乡之间的相互联系和相互作用多以人流、交通流等作为城乡融合发展的表征，通过引力模型等测度城乡联系指数的方法逐渐涌现（李智等，2017）。

对于城乡融合发展水平的评价维度往往涉及多方面，包括空间、经济、社会、生态等。陆大道（1995）认为城乡融合发展在“经济-社会-生态”的三元空间博弈中体现。随着国土信息数字化，空间数据精度提高，生态维度的城乡关系评判向城乡空间融合水平测度延伸，空间融合涵盖生态用地变化和其他土地利用及交通设施指标指数（周江燕和白永秀，2014）。部分学者基于各类城乡要素流，以“人”“地”“资本”三个维度概括指标准则层，“人”包括居民收入与支出、非农产值比重等，“地”包括交通覆盖度、耕地面积占比等，“资本”包括财政投资、社会保障等（刘明辉和卢飞，2019；张合林等，2020）。尽管设施、服务、文化等维度丰富了城乡融合评价体系，使评价更科学和全面，城乡空间融合、城乡社会融合和城乡经济融合仍是最主要的评价准则层。

城乡融合水平综合测算结果具有地域差异，长三角地区经济融合发展水平呈现圈层结构特征，空间融合和生活融合水平空间分异格局显著（马志飞等，2022）；环首都地区城乡融合水平空间格局与地理环境和社会经济发展背景密切相关，呈现多层级“核心-边缘”结构，且经历了“单组单核—多组多核—单组多核”的动态演变历程（张海朋等，2020）。贺艳华等（2017）从新型城镇化、农民工市民化、信息化等方面探讨了城乡空间组织及其模式的新变化，将城乡空间组织的特征概括为空间组织形态的网络化、空间组织尺度的层级性、空间要素流动的多向性、空间组织效应的叠加性、空间组织功能的多样性。基于现代农业驱动型、信息服务驱动型、电子商务推动型和全域综合发展型等发展模式的讨论，根据不同的城乡融合发展地域类型，可以看出不同区域的城乡关系演变处于不同阶段，并呈现出驱动要素与机制、经济结构与功能等方面的空间差异性（郭美荣等，2017）。

综合来看，当前对于城乡融合的研究主题集中在城乡关系的探讨、城镇化的影响、乡村治理的成效等方面，并围绕城乡人口流动、土地利用、产业发展、生态环境等要素流动视角展开。但城乡融合发展面临的体制机制障碍仍然是亟须权衡和攻克的重点和难点，如何有效缓解城乡社会发展不平衡的矛盾，促进城乡要素自由双向流动，联通城乡空间结构和经济结构仍是未来需要深入探讨的关键问题。在现代化和城镇化发展背景下，乡村空间蕴含巨大的发展潜力，乡村空间价值显化与增值对于缓解城乡发展压力，有效推动城乡内循环具有重要意义。因此，通过空间治理有效提升乡村空间价值，对于促进城乡价值统一和城乡融合发展具有现实可行性和必要性。

参 考 文 献

陈坤秋，龙花楼．2019．中国土地市场对城乡融合发展的影响[J]．自然资源学报，34(2): 221-235.

陈磊，姜海，田双清. 2022. 县域城乡融合发展与农村土地制度改革：理论逻辑与实现路径[J]. 中国土地科学, 36(9): 20-28.
樊杰. 2018. “人地关系地域系统”是综合研究地理格局形成与演变规律的理论基石[J]. 地理学报, 73(4): 597-607.
樊杰，郭锐. 2021. “十四五”时期国土空间治理的科学基础与战略举措[J]. 城市规划学刊, 3: 15-20.
戈大专，龙花楼. 2020. 论乡村空间治理与城乡融合发展[J]. 地理学报, 75(6): 1272-1286.
戈大专，陆玉麒，孙攀. 2022. 论乡村空间治理与乡村振兴战略[J]. 地理学报，77(4): 777-794.
郭美荣，李瑾，冯献. 2017. 基于“互联网+”的城乡一体化发展模式探究[J]. 中国软科学, 9: 10-17.
郝庆，彭建，魏冶，等. 2021. “国土空间”内涵辨析与国土空间规划编制建议[J]. 自然资源学报, 36(9): 2219-2247.
何仁伟. 2018. 城乡融合与乡村振兴：理论探讨、机理阐释与实现路径[J]. 地理研究, 37(11): 2127-2140.
贺雪峰. 2005. 乡村治理研究的三大主题[J]. 社会科学战线, 1: 219-224.
贺艳华，周国华，唐承丽，等. 2017. 城市群地区城乡一体化空间组织理论初探[J]. 地理研究, 36(2): 241-252.
黄贤金. 2019. 论构建城乡统一的建设用地市场体系：兼论“同地、同权、同价、同责”的理论圈层特征[J]. 中国土地科学, 33(8): 1-7.
黄禹铭. 2019. 东北三省城乡协调发展格局及影响因素[J]. 地理科学, 39(8): 1302-1311.
孔祥斌. 2020. 中国耕地保护生态治理内涵及实现路径[J]. 中国土地科学, 34(12): 1-10.
李广斌，王勇. 2021. 乡村自主性空间治理：一个综合分析框架[J]. 城市规划, 45(7): 67-72, 82.
李红波，胡晓亮，张小林，等. 2018. 乡村空间辨析[J]. 地理科学进展, 37(5): 591-600.
李志杰. 2009. 我国城乡一体化评价体系设计及实证分析：基于时间序列数据和截面数据的综合考察[J]. 经济与管理研究, 12: 95-101.
李智，张小林，李红波，等. 2017. 基于村域尺度的乡村性评价及乡村发展模式研究：以江苏省金坛市为例[J]. 地理科学, 37(8): 1194-1202.
刘明辉，卢飞. 2019. 城乡要素错配与城乡融合发展：基于中国省级面板数据的实证研究[J]. 农业技术经济, 2: 33-46.
刘守英，龙婷玉. 2022. 城乡融合理论：阶段、特征与启示[J]. 经济学动态, 3: 21-34.
刘卫东. 2014. 经济地理学与空间治理[J]. 地理学报, 69(8): 1109-1116.
刘彦随. 2018. 中国新时代城乡融合与乡村振兴[J]. 地理学报, 73(4): 637-650.
刘彦随，刘玉，翟荣新. 2009. 中国农村空心化的地理学研究与整治实践[J]. 地理学报, 64(10): 1193-1202.

刘彦随, 周扬, 李玉恒. 2019. 中国乡村地域系统与乡村振兴战略[J]. 地理学报, 74(12): 2511-2528.
龙花楼. 2013. 论土地整治与乡村空间重构[J]. 地理学报, 68(8): 1019-1028.
龙花楼, 屠爽爽. 2017. 论乡村重构[J]. 地理学报, 72(4): 563-576.
龙花楼, 张英男, 屠爽爽. 2018. 论土地整治与乡村振兴[J]. 地理学报, 73(10): 1837-1849.
陆大道. 1995. 区域发展及其空间结构[M]. 北京: 科学出版社.
陆大道. 2011. 人文—经济地理学的方法论及其特点[J]. 地理研究, 30(3): 387-396.
罗新阳. 2005. 城乡融合: 和谐社会的根基——从生态视角审视[J]. 中共杭州市委党校学报, 4: 59-62.
马志飞, 宋伟轩, 王捷凯, 等. 2022. 长三角地区城乡融合发展水平、演化及影响因素[J]. 自然资源学报, 37(6): 1467-1480.
乔家君, 马玉玲. 2016. 城乡界面动态模型研究[J]. 地理研究, 35(12): 2283-2297.
宋志军, 李小建, 郑星. 2021. 城乡过渡带社会经济空间演化特征与机理[J]. 地理学报, 76(12): 2909-2928.
谭鑫, 曹洁. 2021. 城乡融合发展的要素集聚效应及地区差异比较: 基于省级面板数据的实证研究[J]. 经济问题探索, 7: 44-52.
王春光. 2001. 新生代农村流动人口的社会认同与城乡融合的关系[J]. 社会学研究, 3: 63-76.
王丹, 刘祖云. 2019. 国外乡村空间研究的进展与启示[J]. 地理科学进展, 38(12): 1991-2002.
王艳飞, 刘彦随, 严镔, 等. 2016. 中国城乡协调发展格局特征及影响因素[J]. 地理科学, 36(1): 20-28.
王颖, 刘航, 陈晓红, 等. 2020. 城乡系统关联耦合的演化特征及地域类型划分: 以东北三省为例[J]. 地理科学, 40(7): 1150-1159.
魏清泉. 1998. 城乡融合发展的动态过程: 经济结构与城乡关系的改变[J]. 现代城市研究, 2: 22-25, 62.
吴传钧. 1991. 论地理学的研究核心: 人地关系地域系统[J]. 经济地理, 11(3): 1-6.
吴燕, 李红波. 2020. 大都市城乡融合区空间演进及内在关联性测度: 基于武汉市夜间灯光数据[J]. 地理科学进展, 39(1): 13-23.
谢守红, 周芳冰, 吴天灵, 等. 2020. 长江三角洲城乡融合发展评价与空间格局演化[J]. 城市发展研究, 27(3): 28-32.
叶超, 于洁, 张清源, 等. 2021. 从治理到城乡治理: 国际前沿、发展态势与中国路径[J]. 地理科学进展, 40(1): 15-27.
袁莉. 2020. 基于系统观的中国特色城乡融合发展[J]. 农村经济, 12: 1-8.
岳文泽, 王田雨. 2019. 中国国土空间用途管制的基础性问题思考[J]. 中国土地科学, 33(8): 8-15.

张海朋, 何仁伟, 李光勤, 等. 2020. 大都市区城乡融合系统耦合协调度时空演化及其影响因素——以环首都地区为例[J]. 经济地理, 40(11): 56-67.

张合林, 王亚晨, 刘颖. 2020. 城乡融合发展与土地资源利用效率[J]. 财经科学, 10: 108-120.

张小林. 1998. 乡村概念辨析[J]. 地理学报, 53(4): 79-85.

周江燕, 白永秀. 2014. 中国城乡发展一体化水平的时序变化与地区差异分析[J]. 中国工业经济, 2: 5-17.

周尚意, 苏娴, 陈海明. 2019. 地方性知识与空间治理——以苏州东山内圩治理为例[J]. 地理研究, 38(6): 1333-1342.

朱从谋, 王珂, 张晶, 等. 2022. 国土空间治理内涵及实现路径: 基于"要素-结构-功能-价值"视角[J]. 中国土地科学, 36(2): 10-18.

Argent N, Tonts M. 2015. A multicultural and multifunctional countryside? International labour migration and Australia's productivist heartlands[J]. Population, Space and Place, 21(2): 140-156.

Barnes M L, Wang P, Cinner J E, et al. 2020. Social determinants of adaptive and transformative responses to climate change[J]. Nature Climate Change, 10(9): 823-828.

Berisha E, Cotella G, Janin Rivolin U, et al. 2021. Spatial governance and planning systems in the public control of spatial development: A European typology[J]. European Planning Studies, 29(1): 181-200.

Bizikova, L, Nkonya E, Minah M, et al. 2020. A scoping review of the contributions of farmers' organizations to smallholder agriculture[J]. Nature Food, 1: 620-630.

Bock B B. 2016. Rural marginalisation and the role of social innovation; A turn towards nexogenous development and rural reconnection[J]. Sociologia Ruralis, 56(4): 552-573.

Boudet F, Macdonald G K, Robinson B E, et al. 2020. Rural-urban connectivity and agricultural land management across the Global South[M]. Global Environmental Change, 60: 101982.

Castells M. 1996. The Rise of the Network Society[M]. Blackwell: Oxford.

Chen K Q, Long H L, Liao L W, et al. 2020. Land use transitions and urban-rural integrated development: Theoretical framework and China's evidence[J]. Land Use Policy, 92: 104465.

Esparcia J, Escribano J, Javier Serrano J. 2015. From development to power relations and territorial governance: Increasing the leadership role of LEADER Local Action Groups in Spain[J]. Journal of Rural Studies, 42: 29-42.

Halfacree K. 2007. Trial by space for a 'radical rural': Introducing alternative localities, representations and lives[J]. Journal of Rural Studies, 23(2): 125-141.

Laurin F, Pronovost S, Carrier M. 2020. The end of the urban-rural dichotomy? Towards a new regional typology for SME performance[J]. Journal of Rural Studies, 80: 53-75.

Liu Y S, Lu S S, Chen Y F. 2013. Spatio-temporal change of urban-rural equalized development patterns in China and its driving factors[J]. Journal of Rural Studies, 32: 320-330.

Long H L. 2020. Land use transitions and rural restructuring in China[M]. Singapore: Springe.

MacKinnon D. 2002. Rural governance and local involvement: Assessing state-community relations in the Scottish Highlands[J]. Journal of Rural Studies, 18(3): 307-324.

McDonald R I, Mansur A V, Ascensao F, et al. 2020. Research gaps in knowledge of the impact of urban growth on biodiversity[J]. Nature Sustainability, 3(1): 16-24.

McGee T G. 1991. The emergence of desakota regions in Asia: Expanding a hypothesis[M]// Ginsburg N S, Koppel B, McGee T G, et al. The Extended Metropolis: Settlement Transition in Asia. Honolulu: University of Hawaii Press, 3-26.

Mitchell C. 2004. Making sense of counterurbanization[J]. Journal of Rural Studies, 20(1): 15-34.

Morrison T H, Lane M B, Hibbard M. 2015. Planning, governance and rural futures in Australia and the USA: Revisiting the case for rural regional planning[J]. Journal of Environmental Planning and Management, 58(9): 1601-1616.

Peng J, Hu Y, Liu Y, et al. 2018. A new approach for urban-rural fringe identification: Integrating impervious surface area and spatial continuous wavelet transform[J]. Landscape and Urban Planning, 175: 72-79.

Perkins H C, Mackay M, Espiner S. 2015. Putting pinot alongside merino in Cromwell District, Central Otago, New Zealand: Rural amenity and the making of the global countryside[J]. Journal of Rural Studies, 39: 85-98.

Shi L, Ahmad S, Shukla P, et al. 2021. Shared injustice, splintered solidarity: Water governance across urban-rural divides[J]. Global Environmental Change, 70: 102354.

Tian Y, Qian J, Wang L. 2021. Village classification in metropolitan suburbs from the perspective of urban-rural integration and improvement strategies: A case study of Wuhan, central China[J]. Land Use Policy, 111: 105748.

Woods M. 2011a. The local politics of the global countryside: Boosterism, aspirational ruralism and the contested reconstitution of Queenstown, New Zealand[J]. GeoJournal, 76(4): 365-381.

Woods M. 2011b. Rural[M]. London and New York: Routledge.

Ye C, Liu Z. 2020. Rural-urban co-governance: Multi-scale practice[J]. Science Bulletin, 65(10): 778-780.

第 3 章　多维度乡村空间治理

解决乡村空间利用过程中出现的发展空间受限、权属关系不明和组织体系不畅等系统性问题，成为乡村空间治理的首要任务。乡村物质空间特征、乡村空间权属关系特征、乡村空间组织体系特征成为揭示新时期乡村空间多维分化的重要切入点，以乡村空间“物质-权属-组织”治理为突破口，进而解析乡村空间治理在推动乡村空间重构、权属关系重塑和组织体系重建中的作用机制，有利于深化乡村空间治理、优化城乡格局、改善城乡互动关系、推动城乡融合发展。

3.1　多维度乡村空间特征

3.1.1　乡村空间多维分化

《中华人民共和国乡村振兴促进法》指出乡村是城市建成区以外具有自然、社会、经济特征和生产、生活、生态、文化等多重功能的地域综合体，包括乡镇和村庄等。乡村地域系统具备一般系统的整体性、等级结构性、时序性等基本特征，乡村空间是承载乡村地域系统的物质载体，乡村空间响应及治理决定了乡村地域系统转型的方向。城乡融合发展的物质基础是乡村空间，城乡融合需要破解的难题多与乡村空间承载的社会经济和权属组织等隐性空间关系密切相关。乡村空间结构的不连续性、功能的多样性、价值的复合性和关系的复杂性决定乡村空间既包含显性的物质空间，又与物质空间承载的社会经济系统等隐性空间密不可分，空间权属关系和空间组织形式是其中的重要内容（图 3-1）。“城乡分治”的国土空间管控体系、“权利模糊”的空间权属体系、“组织零散”的空间组织体系等乡村空间开发利用状态，正是城乡融合亟须破解的难题。因此，从乡村物质空间、空间组织、空间权属等多维度响应出发解构乡村空间与城乡融合的内在衔接逻辑具有现实意义。

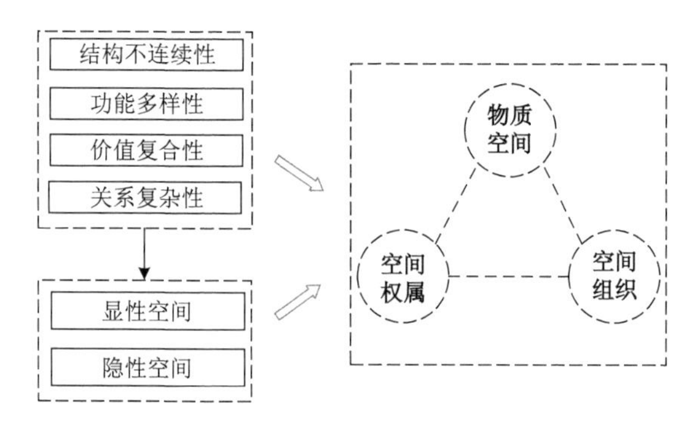

图 3-1　多维度乡村空间解构

党的十九大提出中国特色社会主义进入新时代，我国社会主要矛盾已发生阶段性变化，并将“推进城乡融合发展”和“实施乡村振兴战略”作为引领“三农”发展的行动纲领。党的二十大进一步明确提出“中国式现代化”的发展要求，强调“全面推进乡村振兴”和“促进区域协调发展”，着力破解乡村发展不充分、城乡发展难融合等现实困境，构建中国式农业农村现代化的全新路径。在新时代，城乡分治已成为阻碍城乡高质量发展的重要障碍，城乡空间一体化治理将为推进城乡融合发展提供关键动力（刘彦随，2018；戈大专和龙花楼，2020；龙花楼和陈坤秋，2021）。面向城乡融合发展的多维度乡村空间特征及其治理仍存在原理不明、机制不清、路径不通等待解难题。

3.1.2　多维度乡村空间利用问题

1. 城乡融合发展空间受限

乡村空间利用的无序化、低效化和空废化带来乡村空间失序，导致乡村发展空间受限，而乡村三生空间受限成为阻碍乡村转型发展的核心问题。乡村生产空间边际化呈现出弃耕撂荒、粗放经营、无序占用等现象（戈大专等，2017；杨奎等，2019），在数量与质量上进一步挤压原本有限的农业生产空间，威胁国家粮食安全，不利于农业规模经营，阻碍了农业生产的产业化与现代化进程（陈秧分等，2019）。在缺乏有效管控的情况下，以宅基地利用为核心的乡村生活空间闲置与废弃催生了“建新不拆旧”和“一户多宅”等现象（刘彦随等，2009；刘彦随，2018），严重限制了乡村生活空间优化重组进程。伴随乡村人口的“城乡双漂”与“人走房空”，乡村生活空间“空心化”成为常态（刘彦随等，2009），乡村生活空间无序低效利用严重抑制了乡村转型发展进程。

乡村三生空间的有机组合是完善乡村地域系统结构和功能的重要前提。乡村生态空间污损化是转型期乡村空间受限的重要表现之一。乡村地区化肥农药过量施用带来的面源污染问题，严重威胁了乡村生态产品的持续供给。环保监管空缺、禽畜养殖业污染和工业污染下乡等问题给乡村生态空间保护带来严峻的挑战（王永生和刘彦随，2018）。因此，乡村未利用空间稀缺、已利用空间粗放、三生空间组织无序、乡村空间价值失序等乡村发展空间受限问题成为乡村转型发展的重要障碍。

2. 乡村空间权属关系不明

乡村空间权属关系是乡村空间价值属性的集中表现，空间权属关系及其利益分配机制是决定乡村空间价值流向的关键环节。当前中国乡村空间权属关系存在近期关系与远期关系不明、公共空间与私有空间关系不明、群体利益与国家利益关系不明等问题，进而导致乡村空间权利与利益分配争端、"公有"和"私有"权属纠纷、乡村空间重构的近远期目标不协调等深层次结构性问题（龙花楼，2013；严金明等，2016）。针对以农村宅基地和耕地为代表的乡村空间采取三权分置方案，虽然暂时化解了近期物质空间难以有效组织的难题，但也蕴含了近期权属关系与远期权属关系难以有效衔接、物质空间权属与经济权属难以协调等问题（乔陆印和刘彦随，2019）。当前，乡村空间权属关系不明成为限制乡村地区资源开发、权力分配和利益分成的重要障碍。

乡村公共空间权属关系不明，容易导致空间权责主体不清，乡村空间治理长效机制难以建立，乡村风貌和人居环境整治难以为继。乡村公共空间在权责关系不明的情况下存在被少部分权利主体占据或陷入"公地悲剧"的风险，造成乡村公共资源浪费，甚至引起严重的社会关系矛盾。乡村空间权属关系不明在农户承包地上主要呈现为近期权属关系和远期权属关系不协调等问题，产权不明确使得农户对耕地追加投资的心理预期无法得到保障（刘彦随等，2009；龙花楼等，2018）。此外，耕地权属关系对土地流转十分重要，权属关系不明将成为耕地可持续流转和培育新型农业经营主体的重要障碍（戈大专等，2019）。乡村空间权属关系不明不利于建立农村土地产权交易制度，进而阻碍乡村空间由资源到资产和资本的转化，限制了乡村三生空间的转型进程。总之，乡村空间权属关系不明不利于乡村三生空间格局优化，不利于实现乡村“人、地、业”的统筹联动，不利于乡村地域系统的功能提升，进而影响乡村转型发展进程。

3. 乡村空间组织体系不畅

乡村空间的高效组织是提升空间利用效率，完善乡村地域系统结构和功能的重要手段。乡村空间组织既包含物质空间组织，也涵盖空间权属和空间关系的高效组织。乡村空间组织是新时期乡村治理体系现代化的重要构成。伴随着农业生产组织体系由集体经营转化为家庭经营，乡村人口由固定居住转向城乡迁移，乡村发展要素由本地供给为主转向城乡交互作用，乡村地区的空间组织体系出现了组织核心缺失、组织网络紊乱和组织能力弱化等现象。当前乡村空间组织的“零散化”和“空心化”成为构建乡村空间治理体系现代化的重大障碍（刘彦随等，2009；贺雪峰，2019；杨忍等，2015）。乡村空间组织零散化表现在“人、地、业”的组织零散，具体呈现为生活空间组织无序、权属关系组织混乱、公共空间组织缺位等问题。乡村空间组织的空心化主要表现为组织主体（政府行政机构向乡村的渗透能力）和组织客体（农户城乡迁移离开原住地）的空心化。

村镇空间格局组织体系是构建城乡聚落体系的核心内容，高效合理的村镇聚落体系是优化乡村地域功能的重要保障（刘彦随，2018；屠爽爽等，2020）。城乡转型发展进程中，乡村聚落的无序扩张和集镇聚落规模统筹作用不强带来的村镇聚落体系失序，造成乡村空间聚落体系组织低效。耕地利用转型与乡村人口转型的不协调（Ge et al.，2019），带来部分地区耕地利用边际化问题（撂荒闲置与耕地破碎），导致耕地利用空间组织趋于零散化，组织程度低，人均耕地面积较少，无法满足现代高效农业的发展需求（严金明等，2016）。

乡村空间社会组织无序也是乡村空间组织体系不畅的重要表现。当前，农村劳动力的外迁进一步加速了传统乡土社会的瓦解，乡村空间组织在制度上和实践上均出现了组织能力弱、组织主体缺乏、组织体系不健全等问题，直接导致依靠乡村空间组织强化经济社会发展缺乏有效抓手。从物质空间组织走向空间关系组织，由空间关系组织转向乡村地域系统结构和功能组织均须以乡村空间高效组织为前提。

3.2　多维度乡村空间治理体系

3.2.1　多维度乡村空间治理内涵

乡村空间形态表征一段时期内乡村国土空间开发与利用状态，乡村空间形态既包含显性的物质空间形态，也与物质空间承载的社会经济系统等空间隐性形态密不可分，空间权属关系和空间组织形式是其中的重要内容。多维度乡村空间治理包含物质空间治理、空间组织治理、空间权属治理，进而重构物质空间结构功能、重组空间组织关系、重塑空间价值分配，实现对乡村空间的综合治理。

多维度乡村空间治理以乡村空间多维利用形态为治理对象，在强调乡村空间结构功能特性的基础上，强化乡村空间权属和空间组织治理，突出乡村空间治理的特殊定位。多维度乡村空间治理成为破解乡村发展困境的重要突破口，强化乡村空间治理能力提升将为构建有序的空间治理体系提供保障。正如前文所述，落实乡村振兴目标、推进乡村可持续转型、构建新发展阶段均与乡村空间密切相关，可以说乡村空间开发与利用形态决定了乡村地域系统的运转状态。然而，“城乡分治”的国土空间管控体系、“人地分离”的乡村人地关系格局、“组织零散”的空间组织体系、“权利模糊”的空间权属关系等乡村空间形态，成为乡村空间高效利用、公平分配、有序开发的障碍，乡村空间治理势在必行。

在城乡国土空间统一管制视域下，针对乡村空间的开发利用特性制定有针对性的治理策略是完善空间治理体系的现实需求。与城市空间结构和功能相比，乡村空间受地域环境的影响更大，体现出显著的区域差异性。乡村空间结构的不连续性、功能的多样性、价值的复合性和关系的复杂性，构成了新时期乡村空间利用的主要特征（戈大专和龙花楼，2020；龙花楼和屠爽爽，2017；刘彦随等，2019；周国华等，2011）。国土空间用途分类中乡村空间主要包括农业生产空间（如耕地、草地、林地和设施农用地等）、农民生活空间（如农村宅基地等）、农村生产生活配套空间（如基础设施用地、乡村公共服务用地等）。构建城乡一体的国土空间用途管制目标，对乡村空间开发管制与利用保护提出了全新的要求（陈明星等，2019；欧名豪等，2020）。当前，乡村空间利用过程中出现的空间结构不合理、功能体系不健全、权属关系不明晰、组织体系不顺畅等问题，成为突破乡村空间治理困境的主要着力点。

城乡共治的国土空间仍缺乏具体的落地抓手，城乡空间如何在多规融合的空间规划中实现一体化治理、高效化利用、公平化配置，是当前必须着力克服的难题（Liu and Li，2017；Ye and Liu，2020；张英男等，2019）。乡村空间治理应以问题为导向，通过治理不适应城乡融合发展的乡村空间结构、空间组织体系、空间权属关系，实现乡村空间高效治理的目标，进而服务国土空间治理的宏观要求。乡村空间与城市空间在地域功能和结构等方面的差异，决定了乡村空间治理在推进国土空间管控向基层传导过程中的重要地位。乡村空间关系的多元主体参与特征叠加空间组织和权属的差异性，使得乡村空间治理在空间管控指标落地与空间价值分配之间起到了沟通作用。

乡村空间是乡村地域功能和结构的物质载体，乡村空间利用问题也是乡村地域系统要素变化、结构优化和功能演化不合理的重要表现。刘彦随（2020）认为乡村地域系统是人地关系地域系统思想在乡村地理学领域应用取得的重要理论成果，是由城乡融合体、乡村综合体、村镇有机体和居业协同体组成的多体系统，进一步明确了乡村地域系统的空间属性。面向城乡融合发展的现实需求，乡村地域系统功能和结构的演化机理为制定乡村空间治理体系提供了参考。乡村人地关系及其演化规律是制定乡村空间治理体系的逻辑基础，也是衡量乡村空间治理科学价值的重要依据。乡村空间结构和功能演化与乡村“人”的发展、“地”的优化、“业”的振兴、“权”的重组密切相关。乡村空间治理逻辑需以乡村地域系统理论为基础，尝试以乡村空间治理为手段，优化乡村人地关系。

乡村国土综合整治是针对乡村国土空间开发利用而开展的系统性整治行为，尤其是开展的“空心村整治”“农用地整治”“工矿用地整治”，为重构乡村三生空间格局和推进乡村地区转型发展提供了坚实的物质基础（龙花楼，2013；龙花楼等，2019；Long and Zhang，2020）。传统乡村国土整治以工程技术改造乡村物质空间为主，作为政府主导的“自上而下”的空间整治行动，实施成效与乡村发展的现实需求仍存在较大差距。将乡村三生空间优化、经济发展高效、社会关系公正、生态环境修复等目标嵌入乡村空间治理的内涵体系，有利于完善国土空间用途管制的目标。此外，从国土空间整治实施存在的问题出发，传统“自上而下”的单一型空间治理模式已不适应乡村空间治理的需求。构建“自上而下”和“自下而上”相结合、多元主体有效参与的乡村空间治理体系具有现实意义，有利于顶层政策调控和基层治理探索的结合，可以培育农户自主参与的积极性，推动空间开发红利的共享，促进乡村空间治理由“整治”到“善治”的转变。

3.2.2　多维度乡村空间治理体系建构

研究表明，依托土地整治推动乡村空间重构具有现实的可行性，并着重从乡村三生空间入手推动乡村空间重构（龙花楼，2013；何仁伟，2018）。针对乡村物质空间整治（农用地、农村居民点用地和工矿用地）的研究发现，通过整治乡村空间的不合理利用方式可为优化乡村空间结构、完善乡村空间功能提供重要抓手（刘彦随等，2009；龙花楼等，2018；许璐等，2018）。在乡村人地关系剧烈演变背景下，乡村地域系统结构和功能出现了显著变化，呈现出乡村发展空间受限、乡村空间权属关系不明和乡村空间组织体系不畅等现实问题。瞄准构建现代乡村治理体系的现实需求，破解乡村空间在利用、开发、组织和管理上呈现出的新情况和新问题成为当务之急。着眼于乡村空间综合治理的目标，从治理乡村物质空间出发，构建涵盖乡村空间权属和空间组织治理的现代乡村空间综合治理体系，以乡村空间“物质-权属-组织”三位一体综合治理为起点，探讨乡村空间综合治理与“人口-土地-产业”转型的内在关系，尝试构建乡村空间综合治理与城乡融合发展互动作用模式，有利于推动乡村空间高效利用，构建乡村转型发展的新局面。

乡村空间“物质-权属-组织”三位一体综合治理体系为解决乡村地域系统的结构性问题提供有效方案。乡村三生空间开展的空间治理行动从物质空间的优化和改造出发，尝试解决乡村空间存在的结构性失衡和功能性紊乱等问题，为突破乡村转型发展过程中的空间受限提供战略性支撑。因此，以乡村三生空间整治为突破口，为构建乡村空间三位一体的多维度治理体系提供基础保障。以乡村物质空间治理为突破，推动乡村空间权属关系治理和乡村空间组织体系治理，进而为优化乡村空间权属关系和组织体系创造条件，为破解乡村空间的结构性矛盾提供保障。

乡村空间权属治理和乡村空间组织治理构成了乡村空间多维度治理的支柱。传统乡村空间治理领域多专注于乡村三生物质空间治理，过于强调物质空间治理在乡村空间治理体系中的作用。乡村转型发展历程深刻地揭示了乡村空间权属和组织治理能够在关键时期起到“四两拨千斤”的作用。如改革开放初期推广的家庭联产承包责任制，其核心在于破解耕地权属和组织关系的深层次矛盾，进而激发乡村大规模改革的浪潮。以史为鉴，当前中国乡村空间利用领域出现的新情况和新问题也同样可以尝试从乡村空间的多维度治理角度出发，探索乡村空间的综合治理路径。

以乡村物质空间治理为基础，以乡村空间权属治理和组织治理为支撑，为构建乡村空间多维度治理体系提供有效路径。乡村物质空间治理与乡村空间权属及组织治理密不可分，协同推进乡村空间的多维治理是破解当前乡村空间利用问题的重要途径（图 3-2）。乡村空间权属关系明晰有助于推动乡村空间的高效运转，进而带来乡村发展要素的高效运行，避免乡村“公地悲剧”的出现，并推进乡村空间结构完善和功能提升。乡村空间权属治理结合乡村空间组织治理可为解决乡村空间的低效和无序利用等问题提供强劲动力。乡村空间组织治理不仅强调破解乡村物质空间的组织问题，更应关注乡村空间承载的社会关系网络的组织治理，乡村空间组织治理为乡村地区人口、土地、产业、基础设施等发展要素的优化配置提供有效抓手，从而提升乡村空间组织能力和乡村凝聚力。通过乡村空间“物质-权属-组织”的多维度治理，推动实现乡村空间重构、权属关系重塑和组织体系重建，探索构建乡村空间组

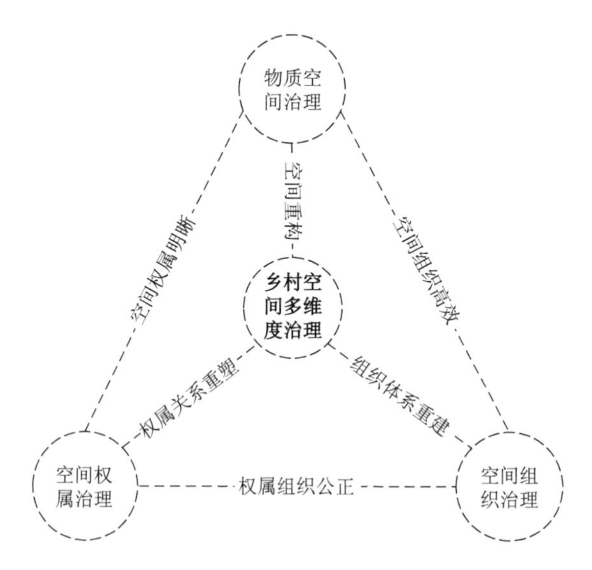

图 3-2　乡村空间多维度治理逻辑关系

织高效、乡村空间权属明晰和乡村权属组织公正的现代乡村空间治理体系，为推动乡村治理现代化提供战略支点。

乡村空间的多重属性是构建乡村空间多维治理体系的理论基础。乡村空间研究正逐渐由传统物质空间向乡村空间系统和乡村空间综合分析转变，以空间生产理论为依据衍生的乡村空间三重分析方案（乡村地方、乡村表征和乡村生活）（Woods，2011）更是将乡村空间及乡村空间承载的社会关系网络进一步强化。本书尝试构建的乡村空间“物质-权属-组织”多维度治理体系，正是对乡村空间多重属性的回应。针对转型期乡村空间利用在城乡转型发展过程中呈现出的痛点和难点，有针对性地实施治理措施，推动乡村空间治理由单一治理走向综合治理、由线性治理到非线性治理、由关注物质空间治理到关注空间关系治理，进而尝试构建乡村空间的多维度治理体系（吴次芳等，2011）。通过乡村空间多维治理措施，改善乡村三生空间结构和功能特征，完善乡村空间权属关系，整合村镇聚落组织模式，激活乡村空间转型发展动力，提升乡村地域系统整体弹性（李玉恒等，2019）。

1. 乡村物质空间治理

通过乡村物质空间治理挖掘乡村空间开发潜力，提升乡村空间基础设施配套水平，扭转乡村空间污损退化趋势，进而拓展乡村空间利用领域，打破乡村发展空间受限窘境。通过开展农用地整治（冯应斌和杨庆媛，2014），进行土地平整，加强高标准农田建设，改善农田水利、交通、防护条件，从而提升耕地质量、增加耕地面积，优化乡村生产空间内部结构。开展“空心村”整治（刘彦随等，2009；龙花楼等，2018），治理乡村空废宅基地及其他荒废用地，依法严格控制农户宅基地面积及统筹新建住房规划设计，完善乡村基础设施与公共服务设施配套，提升乡村生活空间集约利用水平，优化乡村生活空间格局（唐承丽等，2014；周国华等，2018）。开展工矿用地整治，推动工业生产园区化，集约、统一和高效利用工矿用地，配套整治乡村污损空间，优化乡村生态空间。针对乡村地区退化、未利用和边际化的三生空间，开展乡村国土空间保护与开发规划，建立乡村国土空间统一开发保护体系，共同推动乡村三生空间内部结构优化和功能完善（图 3-3）。

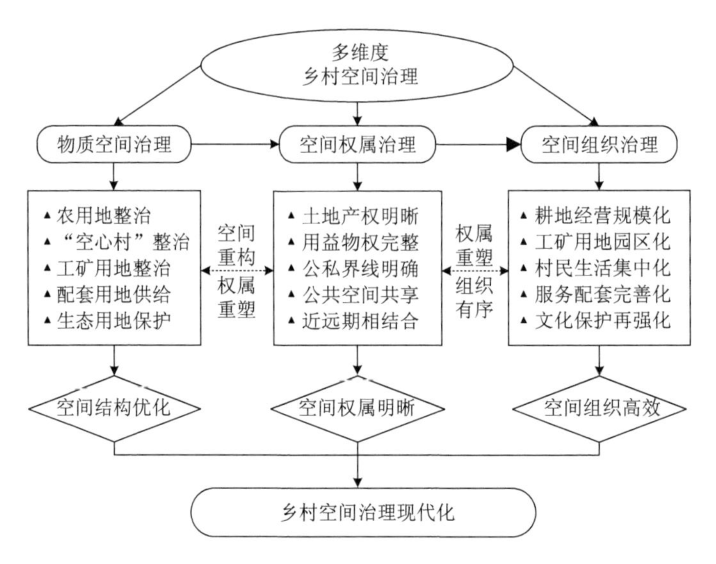

图 3-3　乡村空间多维度综合治理体系构建

2. 乡村空间权属治理

乡村空间权属关系不明是制约乡村转型发展的重大障碍，通过明晰不同空间的产权关系，明确不同乡村发展主体间的利益关系，确立乡村发展权益分配机制，界定公私空间边界，搭建权责明晰的乡村空间权属体系，可为优化乡村空间社会关系、激发乡村创新活力、调动乡村发展动力创造机遇。深入推进农村土地制度改革，优化农村土地产权与管理制度，贯彻落实农村承包地和宅基地"三权分置"制度，推进农村承包地与宅基地确权、登记、颁证，做到稳定地权、明确产权（黄贤金，2017）。此外，创新农村集体经营性建设用地使用权流转机制与收益分配机制，配套改革农村宅基地取得、管理、退出机制，完善宅基地与房屋的完整用益物权（乔陆印和刘彦随，2019；李玉恒等，2019）。建立乡村空间权属近期和远期衔接机制，制定乡村权属弹性划定方案，从空间公正视角出发强调乡村空间的公益属性，突出乡村空间利益分配的共享特征。科学界定乡村公共空间的范畴，通过公共空间权属和管控的有效治理，建立乡村公共空间权责一体治理机制，防止乡村公共空间被占用，治理乡村公共空间的低效利用状态，有效维护乡村公共空间为群众所共享的初衷（图 3-3）。

3. 乡村空间组织治理

乡村空间组织既包含物质空间的组织，也涵盖乡村空间关系（尤其是权属关系）的组织。乡村空间组织体系不畅直接导致乡村空间管控缺乏有效抓手，乡村空间治理措施和手段难以落地。因此，以破解当前乡村空间组织呈现的问题为突破口，寻找加强乡村空间组织能力的有效手段，是构建现代乡村治理体系的重要环节。针对乡村物质空间组织零散问题，可以从耕地、宅基地、工矿用地和村镇聚落体系等角度尝试构建乡村空间的高效组织方案。耕地利用组织以进一步促进和保障耕地有序流转为目标，推动耕地向乡村中坚农户（贺雪峰，2019）和乡村能人集中，发展适度规模经营，创新乡村生产空间的组织方式，提高农业生产效率。宅基地利用组织与村镇聚落体系优化密切相关，构建等级序列完善、结构和功能体系完备的村镇聚落体系是未来乡村聚落体系组织重建的方向（唐承丽等，2014）。与此同时，宅基地退出机制与农户有效组织和培育新型农业经营主体相结合（陈秧分等，2019），推动乡村生活空间的集中规划布局，强化传统文化在乡村社会组织中的作用。此外，完善集体经营性建设用地使用权流转制度（严金明等，2016），健全集体公益性建设用地转变为集体经营性建设用地的转换机制，配合产权制度改革推动乡村建设用地的集中布局，优化乡村地区的产业发展空间（图 3-3）。

乡村空间治理强调通过乡村空间的多维度治理（戈大专和龙花楼，2020），进而为提升国土空间治理能力和完善治理体系创造条件。此外，乡村空间治理强调乡村多元主体在空间治理中的参与能力，强化治理主体的自组织，通过“自下而上”的治理路径完善乡村空间治理体系，推动乡村空间治理“刚性约束”与“弹性引导”的结合。乡村空间治理面向乡村地域系统出现的结构性问题，突出“人”作为乡村地域系统不可或缺要素的重要性，从人地关系协调的理论溯源出发，谋划乡村空间治理的可行路径。面向乡村地域功能和结构的动态变化及复合交叉特征，构建物质空间与空间关系交互、空间权属与空间组织叠加、空间群体利益分配与多元主体参与衔接、尺度传导与诉求回溯联通的多重治理方案成为深化乡村空间多维度治理体系的关键内容。

乡村空间多维度治理分析框架是对乡村空间治理内涵的具体化和运转

机制的深化。从乡村空间开发利用存在的问题出发，结合乡村空间治理的核心目标，搭建具有可操作性的实施路径是乡村空间治理分析框架需深化的内容。关于乡村空间“物质-权属-组织”治理体系的逻辑框架研究已取得了初步进展（戈大专和龙花楼，2020），从乡村空间治理驱动乡村“人、地、业”转型的视角，分析了乡村发展物质空间受限、组织体系不畅和权属关系不明的内在机制。从乡村空间治理推动城乡融合发展的互动机制出发，探讨了乡村空间综合治理协调城乡关系的作用路径。乡村空间“物质-权属-组织”治理在不同尺度上的差异化作用机制、多元主体参与路径及其效应、乡村空间治理落实国土空间用途管制和空间权利重新配置等方面尚缺乏深入分析，可以通过“举措-效能-目标”体系建构乡村空间“物质-权属-组织”治理的解析路径。“举措”是针对不同治理领域采取的措施和手段的集合，“效能”体系对乡村空间治理改变乡村空间效应和能力进行综合解析，“目标”是乡村空间综合治理改善空间治理运行机制和模式的前进方向（图 3-4）。

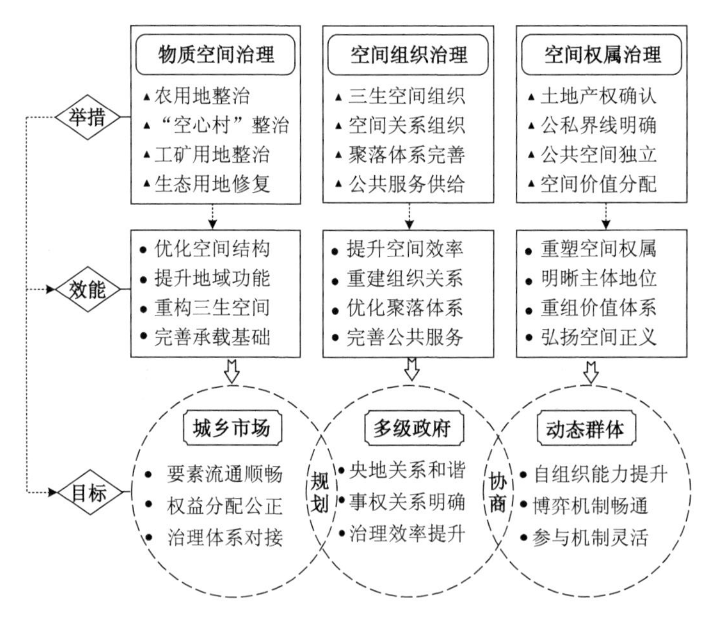

图 3-4　乡村空间多维度综合治理框架

3.3　多维度乡村空间治理与城乡融合发展

3.3.1　多维度乡村空间治理逻辑

乡村空间的高效组织和利用是培育乡村发展动能的关键，也是维持乡村地域系统结构和功能有效运转的重要环节（刘彦随等，2019）。乡村人地关系演化与乡村空间转型进程的不协调和弱耦合是导致乡村人地关系矛盾和乡村空间利用问题的深层次原因（戈大专等，2017，2019）。当前，面向构建现代乡村治理体系的宏观目标，通过协调乡村人地关系的演化进程，在推动乡村“人口-土地-产业”可持续转型的基础上，重构乡村发展内外部条件，改善城乡发展的博弈关系，为建设新时期乡村振兴的伟大目标创造条件（杨忍等，2015）。乡村空间“物质-权属-组织”三位一体综合治理体系为优化乡村人地关系提供强有力抓手，为协调乡村人地关系格局同乡村空间利用之间的耦合关系创造条件。因此，从乡村空间治理视角出发，深入解析乡村空间治理导向的“人口-土地-产业”转型内在机制（图 3-5），剖析乡村空间治理导向的

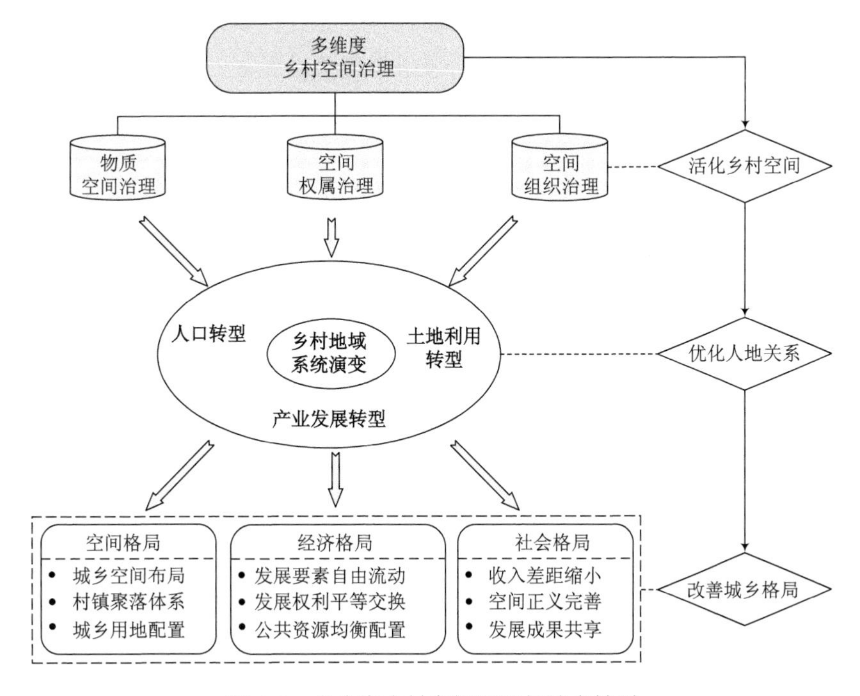

图 3-5　多维度乡村空间治理与城乡转型

人地关系演变在改善城乡发展格局中的作用，有利于完善乡村空间治理的理论体系和实践价值。

1. 乡村空间治理导向的人口转型

乡村空间治理现代化过程需要打破现有乡村人地关系的运行体系，而乡村空间治理带来的乡村人口转型则是支撑现代乡村人地关系构建的重要前提。乡村空间治理要解决的核心问题是乡村转型发展进程中乡村地区“不留人”和“不养人”的发展困境（屠爽爽等，2019），可以通过“物质-权属-组织”综合治理提升乡村地区人口发展的权利和机遇，进而破解当前乡村空间利用问题和乡村地域功能存在的结构性矛盾。人口的“城乡双漂”与“人地分离”无法支撑现代乡村治理体系的构建，应通过乡村物质空间治理解决乡村人口分布与乡村空间错配问题。乡村空间权属治理为乡村人口就业结构和生产方式转型创造机遇，赋予乡村人口更多的空间处置权和用益物权。乡村空间组织治理为化解乡村人口组织零散、缺乏凝聚力和传统文化流失等问题提供有效方案。以空间治理为切入点，能够较好地调动多元主体参与乡村建设的积极性，增强多元主体参与的凝聚力。此外，乡村空间组织治理（村镇聚落体系组织）为探索乡村人口的合理集聚提供参考。

2. 乡村空间治理导向的土地利用转型

乡村空间治理导向的土地利用转型是推动乡村地域系统结构和功能完善的重要举措。土地利用转型进程是乡村人地相互作用下乡村空间演变及其承载的社会经济发展过程在空间上的投影（龙花楼等，2019）。因此，乡村空间治理是推动乡村土地利用转型的核心因素，解析乡村空间治理导向的土地利用转型内在机制为优化乡村人地关系创造条件。

3. 乡村空间治理导向的产业发展转型

乡村空间是产业发展的物质基础，乡村空间治理是推动乡村产业良性高效发展的重要保障。乡村产业发展是乡村人地关系演变的“晴雨表”，乡村空间治理通过供给产业发展所需要的物质条件和软环境来影响乡村产业发展走向。乡村物质空间治理为缓解乡村产业发展的空间受限提供突破口，乡村低效和不合理用地的治理也为乡村发展提供更广阔的产业空间。尤其是乡村废弃工矿用地、集体经营性建设用地治理为乡村产业发展创造更多机遇。乡村空间权属和组织治理为推动乡村产业的集聚和高效发展创造条件。盘活乡村低效用地、明确乡村建设用地的权属关系、推动乡村污损土地整治为乡村产业发展创造更好的内外部环境。通过“物质-权属-组织”综合治理，乡村生产空间高效化、生活空间有序化、生态空间清洁化，为乡村地区开展多种产业经营创造条件。乡村空间治理有效改变了乡村地域系统的功能特征，乡村空间的产业价值由单纯的供给农产品逐渐走向多样化，使多功能乡村（房艳刚和刘继生，2015）与多业态和多行业的产业融合发展相匹配。乡村空间治理凸显了乡村非农业价值，为乡村地区开展全产业链开发创造机遇。

在乡村空间“物质-权属-组织”治理体系下，以乡村“人口-土地-产业”转型为特征的乡村地域系统结构和功能发生了深刻的改变，乡村地域系统的演化特征为追踪城乡关系演化提供了重要线索。在乡村空间治理导向的“人、地、业”协同推进下，城乡空间格局、经济格局和社会格局迎来转型机遇（图 3-5）。城乡空间布局、村镇聚落体系、城乡用地配置、发展要素流动、权利平等交换、资源均衡配置、收入差距缩小、空间正义完善、发展成果共享均是城乡转型发展需要突破的瓶颈，而乡村空间治理正好为以上城乡发展过程中关键问题的解决创造条件。通过以上分析可知，“深化空间治理-活化乡村空间-优化人地关系-改善城乡格局”是推进新时期乡村治理体系现代化建设的有效路径。

3.3.2　多维度乡村空间治理效应

在城乡转型发展背景下，中国乡村空间存在管控难度大、涵盖范围广、涉及利益主体多、历史遗留问题杂等现实问题。乡村空间呈现“人地分离”的空间错配、发展空间受限的资源乱配、权属关系不明的价值混配、组织体系不畅的效率低配等现象，成为转型期乡村空间利用的核心问题。乡村空间利用问题与乡村空间特征密切相关，城乡空间差异化管控机制进一步加剧了乡村空间的不合理利用状态。“人地分离”的空间错配与乡村空间资源承载能力有关，乡村空间开发与保护难以满足农户发展需求，催生了乡村人口的频繁迁移，导致乡村空间与人口分布的错位。乡村空间利用过程中呈现的“无序、低效和空废”等状态，进一步挤压原本有限的乡村空间。已利用空间粗放、未利用空间稀缺、三生空间组织失序，导致乡村空间开发混乱，资源功能利用受限，难以发挥乡村空间的多功能特征。在乡村权属关系不明与乡村空间价值复合双重作用下，乡村空间价值体系模糊。以乡村公共空间为例，其价值体系不明确直接导致乡村公共产品供给难以为继。乡村空间组织体系与空间关系网络相互影响，导致乡村空间组织体系不畅，致使空间利用效率低下。

乡村空间治理面向乡村地域系统出现的结构性问题，尝试从“自下而上”的角度夯实乡村空间的治理基础，进而推进城乡融合和强化空间管控的远景目标。乡村空间“物质-权属-组织”治理为全面落实乡村空间治理目标提供有效路径。针对当前乡村空间利用特征和困境（如乡村发展空间受限、乡村空间组织体系不畅、乡村空间权属关系不明等），以乡村物质空间治理为基础，以乡村空间组织治理和权属治理为支撑，三者协同推进乡村空间的多维治理是破解当前乡村空间利用问题的重要突破。

通过乡村物质空间治理挖掘乡村空间开发潜力，拓展乡村空间利用领域，打破乡村发展空间受限窘境。乡村空间组织治理既包含物质空间的组织，也涵盖乡村空间关系的组织，重点在于解决空间组织零散、低效等问题，重建乡村空间关系网络，重组空间组织运营体系，强化多元主体的有效博弈。乡村空间权属治理通过明晰空间产权关系，明确多元主体间的经济利益，确立乡村发展权益分配机制，界定公私空间边界，搭建权责明晰的乡村空间权属体系，进而优化乡村空间社会关系，激发乡村创新活力，调动多元主体的创造力和积极性。

科学把握乡村空间“物质-权属-组织”治理的尺度效应，将有利于深化乡村空间治理的运转逻辑。与乡村空间治理密切相关的尺度主要包括区域尺度、村域尺度和地块尺度，不同尺度上乡村空间治理聚焦的内容也存在显著差异。区域尺度上乡村空间治理重点在于理顺国土空间结构体系，尤其是与聚落体系相关的村镇空间布局。村域尺度是乡村空间管控和组织的基本单元，结合当前农村基本经营制度，村域尺度仍然是决定乡村空间治理成效的关键尺度。通过村域尺度空间治理，重点重塑乡村空间关系网络和组织体系，提升空间治理组织能力，完善乡村空间管控体系。地块尺度空间治理的核心是破解不适应乡村发展的土地利用形态，如权属关系、利益分配、利用效应等。不同尺度间的乡村空间治理并不是割裂运转的，而应是相互贯通的，共同推进乡村空间“物质-权属-组织”治理，优化乡村空间的效益格局。

空间治理导向的乡村转型发展内容机制分析，需要在剖析乡村空间治理功效的基础上，深化乡村空间效能演变与乡村转型发展的内在关系，进而衔接空间治理与乡村转型发展互动作用机制。乡村空间“物质-权属-组织”治理区别于传统土地整治活动的鲜明特色是强调“自下而上”多元主体参与的空间治理路径，核心目标是推动乡村空间效益结构优化和分配公正化。乡村空间是承载中国乡村转型发展的物质基础，空间关系演化过程正是乡村人地相互作用在空间上的映射。因此，解析空间治理导向的乡村转型发展内在机制，可以借助空间治理带来的空间效能演变找到合理的依据。空间效能体系正是乡村空间治理成效在空间上的反映，主要可以通过空间权利体系、空间关系网络和空间效益结构来加以刻画。空间权利重组是乡村地区转型发展的核心动力源，空间权利的生成、分配、成效和管理与乡村转型发展密切相关，将成为激发乡村发展跃升的关键环节。乡村空间治理将物质空间治理与空间关系治理相统一，对于重塑空间组织方式、空间关系网络、空间运营体系具有核心推动作用。乡村空间关系重塑为优化多元主体参与乡村发展提供组织和人力资源基础，有助于培育乡村发展的带头人，加强乡村集体化和组织化的产业运行能力。乡村空间治理效益的结构优化和体系完善，为维持乡村的可持续转型，优化乡村空间治理经济效益、社会效益和生态效益组合特征，实现乡村空间效益的最大化创造条件。

3.3.3　多维度乡村空间治理与乡村转型发展

解析乡村空间效能演化与乡村人口、土地利用、产业发展和城乡关系转型过程的内在逻辑关系，有利于剖析空间治理导向的乡村转型发展内在机制。乡村转型进程中人口的空心化、土地利用的低值和低效化、产业发展的无序化、城乡关系的紧张化成为阻碍乡村实现跨越式发展的核心障碍。乡村空间多维度治理改变空间权利重组、推进空间关系重塑和完善空间效益结构的过程，将有效弥补乡村发展的劣势，重建乡村发展的智力资源基础、资本投入渠道、产业发展动力、组织协调机制、权利关系模式等乡村发展的关键内容。“自下而上”空间治理运行模式，为构建多元主体积极参与的人口转型模式创造条件。地域功能和结构完善的土地利用转型进程是空间治理综合作用的结果，成为协调乡村人地关系可持续转型的核心环节。空间治理带动的居业协同和多业发展路径，成为推进乡村产业发展的重要动力。以城乡空间价值分配的公正化和乡村空间价值显化为基础的城乡关系协调机制，将是重构乡村发展路径的关键内容。

1. 人口转型与乡村转型发展

乡村空间及其承载的关系组织是推动乡村空间治理由表及里，完善乡村空间治理体系的重要举措。当前乡村发展领域突出的核心问题之一就是乡村组织的空心化和零散化，乡村涉农政策在执行过程中缺乏农户的有效参与，乡村人口空心化、叠加组织的零散化成为提升乡村发展活力过程中必须破解的问题。以乡村空间组织治理为抓手，推动乡村农户组织紧密化，加强土地利用组织的集约化，防止乡村生态空间的破碎化。乡村空间组织治理的核心是处理好乡村地域范围内不同利益主体的关系。当前，乡村发展缺乏凝聚力和组织力，主要原因是村庄集体力量弱小，在“统分集合”的乡村自治管理体系下，力量过于分散，乡村集体统筹的能力和力量被严重削弱。因此，乡村空间治理过程中应强调重建乡村组织管理体系，强化乡村集体的统筹力量，借助能人资源，培育能人治村。以乡村公共空间治理、权属关系厘定、文化纽带强化等手段，重建乡村治理体系。

2. 土地利用转型与乡村转型发展

乡村空间治理重点要解决乡村转型发展进程中乡村地区“不留人”和“不养人”的发展困境，乡村空间治理导向的土地利用转型是推动乡村地域系统功能和结构完善的重要举措。乡村物质空间治理过程是改变乡村土地利用显性形态的重要驱动力，不论是农用地整治、宅基地利用整治、污损废弃工矿用地整治，还是生态用地整治，其核心目的是推动乡村空间高效、有序和生态化开发利用。乡村空间权属和组织治理的核心是改变乡村土地利用的隐性形态，在于推动乡村土地利用在价值、权利、效率、组织模式等层面的转变。乡村空间治理从驱动乡村土地利用显性形态和隐性形态“双轮”驱动出发，推动乡村地区土地利用进入不可逆的转型通道。乡村土地利用转型在创新乡村土地经营模式、提升土地规模经营水平、提高土地利用效率和完善土地利用价值分配机制等方面改变乡村人地关系的运行体系（刘彦随等，2019；Ge et al.，2019）。

3. 产业转型与乡村转型发展

乡村空间治理推动城乡融合发展是保障乡村振兴持续推进的重要基础。城乡转型发展进程中，乡村地区出现的要素流失、结构缺失和功能衰退是阻碍乡村发展的关键因素。乡村空间治理推动乡村转型发展的关键是改变城乡地域系统要素、结构和功能的格局状态。乡村转型发展的关键环节需要破除城乡之间的壁垒，改变长期以来城乡之间发展要素配置与发展权利不对等的格局体系。乡村空间治理从物质、权属和组织治理出发，重新确立乡村不同权利主体对乡村空间的处理能力和权利分配，改变乡村空间所承载的社会经济等隐性形态特征，赋予乡村发展亟须的要素资源，有利于保障乡村转型发展所需动能。

通过乡村空间治理活化乡村空间的过程也是重新配置城乡发展权利的过程。从城乡要素互动视角出发，乡村空间治理改变了城乡发展要素的空间配置，赋予乡村发展亟须的要素资源，如劳动力、土地、资本、技术等。城乡要素的互动是打破乡村发展瓶颈的关键，改变长期以来乡村为城市发展持续供给资源的角色。乡村空间治理带来的城乡结构互动为乡村地区持续发展所需动能提供坚实保障。城乡间要素的互动填补了乡村发展权利和机遇的“洼地”，实现乡村的持续发展才是推动城乡融合的前提（图 3-6）。

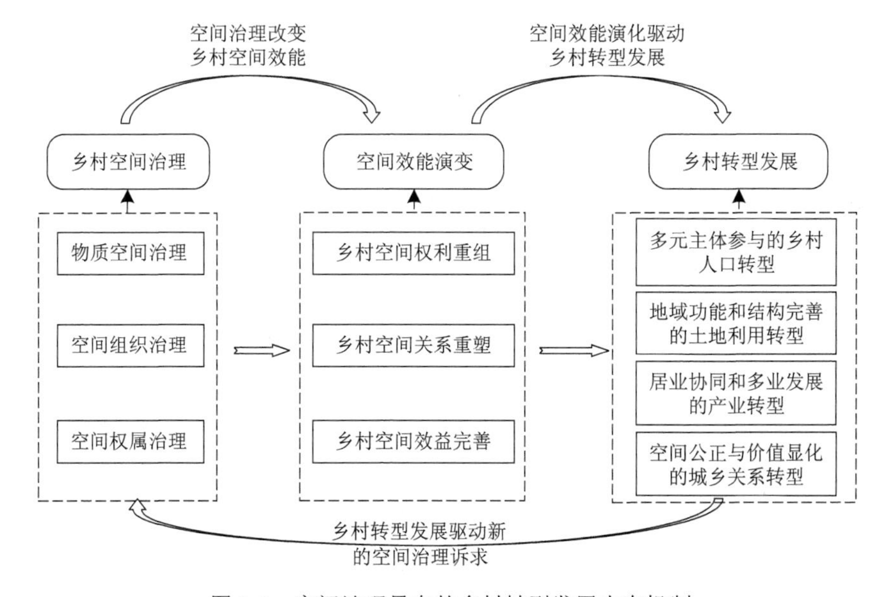

图 3-6　空间治理导向的乡村转型发展内在机制

3.3.4　多维度乡村空间治理与城乡融合发展互动机理

城乡融合发展关键是要打破现有城乡地域系统中要素流动、结构融通和功能互通的系统性障碍。城乡转型发展进程中，乡村地区出现的要素流失、结构缺失和功能衰退正是城乡关系演化的直观反映，如何破解长期以来城乡二元格局下乡村发展面临的困境一直是乡村地理研究的热点话题（刘彦随等，2019；龙花楼和屠爽爽，2017；刘彦随，2018）。针对城乡融合发展出现的问题，尝试从驱动城乡地域系统要素、结构和功能的良性转型入手，为构建新时期城乡关系创造条件。前文论述了乡村空间治理对城乡发展格局的影响过程，并从空间格局、经济格局和社会格局分别论述了乡村空间治理给城乡关系带来的系统性影响。因此，乡村空间治理导向的城乡融合发展路径正是对城乡融合发展理论及其运行机制的深入探索，并尝试从乡村空间治理与城乡融合发展互动作用的视角建构乡村空间治理推动城乡融合发展的路径。

城乡互动是社会经济发展要素在城乡地域空间的双向流动，乡村空间治理推动城乡融合发展的关键路径需要改变城乡地域系统要素、结构和功能的格局状态，进而推动城乡间发展要素互动、结构互动和功能互动（图 3-7）。城乡融合发展关键需要打破城乡之间的壁垒，长期以来城乡之间发展要素配置与发展权利的不对等是导致乡村地区发展不充分和城乡发展不平衡的重要原因。因此，要想打破城乡之间发展权利的不平等，关键要对城乡地域系统进行新的建构。通过乡村空间治理优化城乡发展格局是推动城乡地域系统建构的重要驱动力。城乡发展格局的演变既是城乡地域系统建构过程的外在表现，也是深入剖析城乡地域系统转型内在机制的关键。乡村空间治理对城乡空间格局、经济格局和社会格局带来的显著影响，可为阐述乡村空间治理与城乡融合发展的互动作用机制提供参考。

乡村空间治理导向的城乡地域系统的互动关系演化过程是剖析乡村空间治理与城乡融合发展互动作用的关键。乡村物质空间治理改善了乡村空间结构不合理问题，推动了城乡空间结构的优化。乡村空间权属治理释放乡村空间的经济价值，从而为推动城乡经济结构优化提供基础。乡村空间组织治理可为乡村组织模式优化和效率提升创造机会，并有效推动城乡社会关系的互动。城乡要素和结构互动的核心目的是优化城乡地域系统的功能，最终推动城乡功能互动关系的协调。

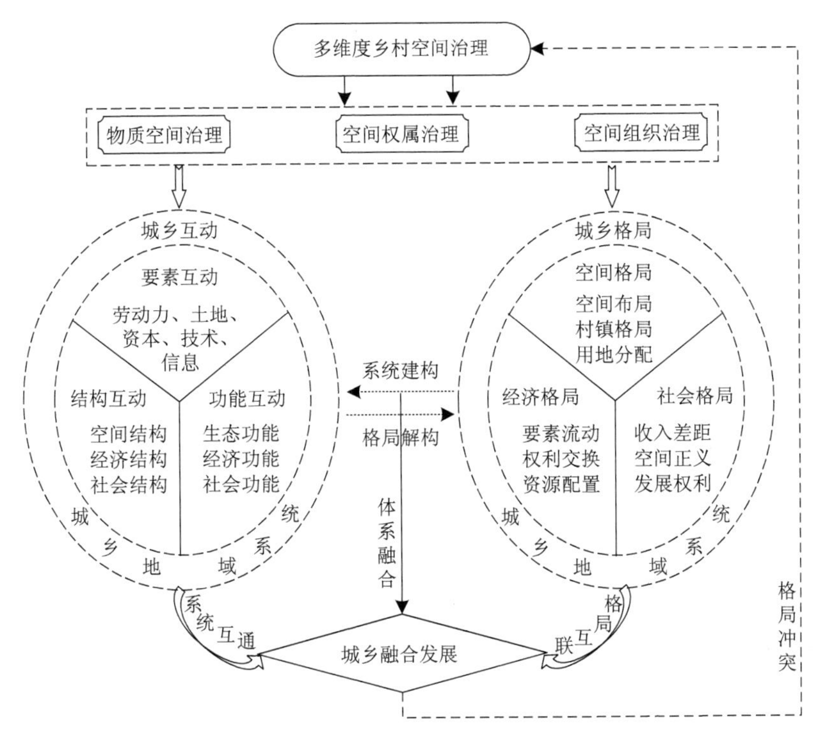

图 3-7　多维度乡村空间治理与城乡融合发展互动机理

城乡互动与城乡发展格局演变是推动城乡融合发展和破解乡村发展困境的重要依据。城乡发展格局难以改变关键在于城乡发展难互动，追根溯源是城乡空间在物质、权属和组织上的隔离。因此，破解城乡互动的难点是突破城乡空间上的藩篱。长期以来，城乡空间难以形成统一的市场机制、价值分配机制、功能互补机制等。以城乡空间的功能互补性为例，乡村空间的生态价值长期被忽视和低估，新时期在构建城乡融合的空间联动机制上应该重新审视乡村空间的价值体系、城乡空间功能互补和价值联动体系，为乡村地区进行更多生态价值补偿和转移性支付提供理论依据（何仁伟，2018；刘彦随，2018）。城乡地域系统内部要素、结构和功能的互动过程也是城乡发展格局解构的过程（图 3-7）。城乡互动内在机制探讨为分析城乡发展格局演变的内在机制提供了借鉴。

3.4 多维度乡村空间治理与城乡融合发展的顺德实践

3.4.1 顺德区乡村空间转型过程

改革开放以来，随着珠江三角洲地区城市化与工业化快速发展，“自下而上”的土地股份制创新对乡村工业发展有着积极作用（李立勋，1997），其通常以土地出租和厂房出租等方式参与乡村工业化过程（杨忍等，2018）。然而，以乡镇为主导的乡村工业化建立在集体土地基础之上，在经济发展方式转变的大背景下，原有土地利用方式的弊端开始显露，如利用方式低效、乡村工业用地缺少规划而粗放发展、集体建设用地分散、政府宏观调控能力薄弱等（丛艳国和魏立华，2008；田莉和罗长海，2012）。目前，学者们剖析了乡村工业用地“自下而上”的政策制度，探究了其运行机制与实施成效（田莉和戈壁青，2011；杨忍等，2018）；定量刻画了乡村工业用地分布格局演变机制，探讨了土地利用动力变迁的机制及土地格局分散、低效利用的原因（郭贯成等，2016）。现有研究集中于政府对乡村工业用地转型的作用，而较少关注多元群体对乡村工业用地转型的作用，对多元主体间权力分配与博弈机制缺乏深入解析。

1. 集体股份化乡村工业发展期

乡村工业用地在珠三角乡村转型发展过程中起到了重要作用，成为塑造区域乡村转型发展模式的重要特征。20 世纪 80 年代以来，在广东省顺德乡村工业化的过程中，以村集体成立股份合作社为代表的土地流转与企业租赁入驻村级工业为特征的乡村工业发展模式，快速推动了珠三角地区乡村产业发展进程。这一时期村级工业园扮演了特殊而又重要的角色，“村村点火，户户冒烟”的乡村工业化模式极大地促进了乡村社会经济的发展。基层村集体组织通过改变农村集体土地的使用方式（大量农用地被转化为工业用地），使乡村空间价值成倍提升。农户普遍获得股份分红，并有效参与到了工业化和产业化浪潮中。随着乡镇企业逐渐退出历史舞台，与其他地区不同，时至今日珠三角地区乡村工业用地仍在工业发展中占据重要位置。乡村工业用地在珠三角“自下而上”的城镇化中扮演了重要角色。然而，随着国家高质量发展的诉求，乡村空间用途法治化不断健全，顺德乡村工业用地转型面临诸多挑战。

顺德在全国第一轮农村土地联产承包责任制承包期（1984～1998 年）尚未结束的时候，于 1993 年在全市率先推行“农村股份合作制”的改革，其后顺德股份合作社共经历了两次改革。至 2000 年，顺德市的农村股份社一直实行的是“死亡或者迁出自动失去，新生人口自动获得”的股权变更模式。这种模式在一定程度上兼顾了新增人口的利益，但也必然产生新的问题。在股份分红较多的地区出现了局部的人口非正常增长。在这种情况下，股份成为一种公共物品，更多的子女就意味着更多的股份占有，这种非正常的利益导向成为刺激部分地区人口超生的直接推手。频繁的婚丧嫁娶在造成当地人口频繁变动的同时，也带来了频繁的股权变动。最后，因为股权与村民身份密切联系，死亡或迁出则股份自动注销，所以从根本上遏制了股权本应具有的流动性。基于这些问题带来日渐增多的股权纠纷，顺德市于 2001 年继续深化农村体制改革，在全市实施股份社股权“生不增、死不减”的固化政策，并同步实施量化股份社资产的工作，开始了顺德股份社的第一次改革。农民股权“生不增、死不减”的股份固化政策，就是将原属集体所有的土地资源、现有固定资产、自有资金等以股份的形式全部折股量化，按照一定标准把全部股权一次性配置给股份社的股东个人所有，股权可以在一定范围内流动。

“生不增、死不减”的股份固化政策的首要作用是明晰了产权。现代产权理论认为，在现实经济中市场经济往往存在“外部性问题”，市场机制本身存在缺陷。而外部性的产生是由于私人成本与社会成本的不相等，即社会成本大于私人成本，从而导致了社会福利的损失或低效。因此，在市场的运行过程中，产权界定和合理配置占有重要地位。股份固化政策让每位股东对于集体资产的占有份额更加明确和稳定，这就为股权在一定范围内的流动创造了先决条件，股权的流动进一步把集体配给的“虚股”实化，让股权的内在价值得到进一步体现，也适应了市场经济对要素流动的要求。

股份固化政策将股权对于身份的依存转变为对人的依存，基本解决了婚丧嫁娶所带来的股权纠纷。但随着时代的发展，逐渐出现了“死亡人口有享受、新出生人口无分配”和身份变更及流转后的股权界定问题。基于此，顺德区再次改革，于 2012 年出台《关于开展规范和完善顺德区农村股份合作社组织管理试点工作的指导意见》，对于股份社股权继承、赠与、转让程序做了详细规定，且要求已故股东的股份，应按规定办理继承，原则上自股东死亡之日起 3 个月内向所属股份合作社提出办理申请。不及时办理继承手续的，所涉及的各项资产处置分配和收益分配由股份合作社代管，直至继承手续办理完毕止。纵观顺德区股份社的发展历程，从其诞生之初到两次历史性的改革，无不是以问题为导向，旨在实现经济要素的合理配置，进一步促进地方经济的快速发展。顺德是我国改革开放的一个成功缩影，而股份社的改革历程可以说是顺德改革历程的一个成功缩影。

乡村工业用地集体股份化改造为产业发展带来重要动力，但也呈现出一些重点问题。

第一个问题是股权结构分散。股权结构是股份合作制制度安排的核心。目前，顺德区股份社的股权结构经过股权固化之后，都是集体股与个人股并存的二元股权结构。在量化股份社资产的过程中，集体资产折价抵消债务后作为股本，20%为集体股，其余量化到个人入社。目前顺德股份社从股权结构上看，没有涉及“经营管理风险股”等用于对管理层进行有效激励的股份种类，单一的股权结构限制了股份社经营业绩的进一步提高。

第二个问题是治理结构扁平化导致决策成本高。根据《顺德区农村（社区）股份合作社组织管理办法（试行）》的规定，“股份社的最高权力机构是股东代表大会，凡涉及股东切身利益的重大事项，必须提交股东代表大会讨论决定。召开股东代表大会，要有超过三分之二的股东代表参加方为有效；股东代表大会讨论决定的事项，必须有参加会议的股东代表二分之一以上同意方为有效。”股份社股东大会在这种决策机制的基础上不论个人股份多少，实行一人一票，凡年满 18 周岁的（村居）股东，均享有选举权。“一人一票”制是一种扁平化的治理结构，其背后隐含的是“全员”管理的体制。股份合作者的民主管理原则，要求重大经营、投资分配等决策必须通过股东大会投票决定。这种决策机制和内部治理模式，表面上体现和保证了组织的平等，客观上却是以低效率、高成本和高风险为代价的。股东的要求表面上得到充分考虑，但决策过程迟缓、缺乏科学性，甚至不能有效适应市场的变化。因此，股份合作社坚持“一人一票”制实际上是在舍弃“效率”的基础上一味追求“民主”，而这二者本身就需要去寻求一个平衡。

第三个问题是分配结构与决策机制不匹配，导致集体股利益无法得到保障。目前，顺德区股份社的收入基本以土地租金收入和物业收入为主，少部分股份社拥有经营性企业。土地租金收入和物业收入相对稳定，这两项收入的稳定性也就制约了其对农民人均纯收入持续增长的贡献，因此要保证将股份社农民的人均纯收入保持在一个较高的增长率水平上，股份社拥有自主经营收益权的产业（企业）是必不可少的。也就是说，股份社每年的分红收益留存部分除了保证基本的公共服务开支，还要有一部分用于产业投资开发，这样才能最大化股份社和股东的长远利益。但是因股份社股东短视的特征和股份社“一人一票”的民主决策机制，绝大部分股份社每年几乎没有分红收益留存，集体股的收益权也无法得到保障，这样严重制约了股份社集体经济的发展壮大，也严重制约了顺德区经济的发展。

2. “三旧改造”推动乡村发展期

自 20 世纪 90 年代至今，顺德区乡村工业用地的显性形态变化主要表现在数量的变化、空间的拓展、结构的变化三个方面。整体上来看，在此过程中，顺德区乡村工业用地的数量不断增加，空间范围不断增大，结构特征趋于复杂。20 世纪 90 年代，土地股份制实施过程中，集体承包地不断向工业用地转化，顺德村级工业园大量出现，但规模普遍较小，分布较为零散，且多以村组为单位。农村土地股份合作制度建立起一种集体土地权益由集体和农民共享的农村土地产权制度，为村集体以土地出租和厂房出租等形式开展乡村工业化创造了条件。然而，区内各村域内部共同体意识和宗族关系较强，乡村工业化往往发生在各村的内部，造成股份社的规模过小、数量过多的问题，工业用地出现了细碎化特征。

2000 年之后，随着乡村工业化的进一步发展，乡村工业用地数量不断增加，工业用地结构特征趋于复杂，出现了集中连片的工业用地，但其权属仍然属于原村集体或开发商。1995～2005 年，顺德区乡村工业用地的总面积由原来的约 22.71 km^2 上升到约 62.00 km^2，工业点的数量急剧上升，同时已有工业点的规模持续扩大。从结构上来看，乡村工业用地在规模扩张的过程中，受到村域用地规模的限制，导致不同权属的用地相互连接，出现了大量跨村域的工业园区。在这一时间段内，规模较小的工业园区数量开始减少，规模较大的工业园区数量开始增多。

在“三旧改造”方案实施之初，顺德区乡村工业用地的数量仍然呈上升趋势，但对新开发用地的限制使得新增工业点较少，且新增工业点规模普遍较小。用地限制导致已有乡村工业点规模基本上保持不变，仅有少部分工业园区扩大了规模。到 2015 年，顺德区乡村工业用地的总面积为 80.93 km^2，随着“三旧改造”等政策实施的深入，顺德区乡村工业用地的数量开始下降，规模开始缩小。到2017年，顺德区乡村工业用地的总面积下降到了 78.37 km^2。土地整治减少和缩小了已有工业点的数量和规模，显著改变了乡村工业用地的结构，同时促进了土地利用效率的提高。

3.4.2 顺德区乡村空间利用问题

乡村空间细碎化与乡村工业用地更新难题成为限制顺德乡村转型发展的新问题。整个珠三角地区的村级工业园区数量多、类型多、布局散，工业园区的产业以劳动密集型为主，存在土地低效利用、产业升级困难等问题。乡村工业用地格局呈现以农村集体工业用地为主的发展形式，在空间布局上呈现出比重高、布局散的特点，“碎片化”的空间格局突出。村集体成员为核心的土地股份合作社在经历了 20 余年的运转后，利益盘根错节，工业用地跨村和跨地域成为常态。珠三角地区各地在推行的“三旧改造”中，乡村工业用地由于其分布的细碎化、空间的混杂性、利益的交叉性，更新难度大，整体盘活的成功案例少，成为存量建设用地盘活的“硬骨头”。

权属混乱是珠三角地区乡村工业用地形态的显著特征，主要表现为集体用地的权属关系不明和多层流转租赁带来的权属乱象。珠三角地区乡村工业用地是建立在集体土地基础之上的，存在农用地违规转用为建设用地的现象，在土地管理法律和乡村空间用途管制薄弱年代成为既成事实。在城乡规划法律逐渐健全的过程中，这类建设用地只有少部分补齐了合法手续，大量在法律上难以确定权属关系的乡村用地仍广泛存在，其显著的特征是乡村工业用地的权属关系大量处于空白状态，少量已经确认为国有和集体所有。此外，村土地股份社统一管理村集体土地（使用权），由村委会负责招商引资，将股份社的土地以“以租代卖”“以租代征”的形式租给早期本土企业（家）从事工业活动，并确立租金分配方案。由于土地股份合作社以追求短期租金为核心目标，订立了企业到期不拥有物权，每 3～5 年调整一次租金等约定，导致乡村工业用地转租、多层流转现象层出不穷，进一步加重了乡村工业用地权属混乱的现象。

多元主体分化与利益博弈机制不健全成为阻碍乡村工业用地更新的组织背景。珠三角地区乡村工业用地的蓬勃发展能延续至今，与村庄宗族关系为纽带形成的村社共同体密切相关，强宗族观念叠加一致的经济利益，形成了稳固的基层利益共同体，拥有存量乡村工业用地的基层村集体组织，具有极强的权益意识，基层组织能力强，以及土地股份社等经济组织，进一步强化了该地区农户组织强度。改革开放以来，政府在追求经济发展的过程中，对基层村庄的管控能力弱，空间用途管制政策变化明显，其显著的特征表现为对乡村工业用地发展由早期的鼓励到后续的限制，再到现在的引导更新。“弱政府、强社会”的基层治理格局逐渐形成。与乡村工业用地开发与租赁密切相关的本地企业家和新生外来企业家群体，夹杂在基层村集体组织与多级政府之间，谋求利益最大化，使得多元主体参与乡村工业用地转型与更新成为常态。面对政府实施的“三旧改造”和“双达标”（环保+安全生产）等乡村工业用地更新政策，多元主体利益分化程度进一步加剧，如何有效推动多元主体利益诉求的“上下联动、公平正义”成为当前该地区面临的核心问题。

3.4.3　顺德区多维度乡村空间演化

1. 乡村空间权属关系变化

顺德区乡村工业用地隐性形态的变化主要包含产权关系、组织体系和投入产出效率等方面。顺德区乡村施行土地股份制及后期开展的“三旧改造”显著改变了乡村工业用地的产权关系，促使乡村工业用地的数量、规模和类型发生变化。乡村工业化过程中，以社会主体（土地原业主、村集体等）、市场主体（开发商、投资商、消费者等）、政府主体（市、区、镇政府和村“两委”等）为主的多元主体不断博弈分化，各自的力量此消彼长，共同推动了顺德区乡村工业用地组织体系的变化。粗放式的发展和规模的限制造成乡村工业用地投入产出效率低下等问题的出现。

顺德区土地股份化改造改变了土地的产权关系、组织体系和投入产出效率，推动乡村工业用地隐性形态实现转型。土地股份制将集体土地承包权和经营权进一步分离，允许村内集体土地和农民承包地通过“以地入股”的形式参与乡村工业化的进程中，改变了村庄土地的产权实现方式，土地产权商品化趋势明显。此外，乡村工业化过程中不断有外部主体参与乡村工业用地开发中，土地利用组织体系由单一走向多元分化。在市场主体参与乡村工业用地开发与建设的过程中，外来企业家进一步强化了多元市场主体在乡村工业用地开发中的博弈作用。多级政府主体是乡村工业用地组织体系变化的引领者，社会主体是工业用地的提供者和工业化进程的参与者，市场主体则是推动这一进程的核心力量之一。从投入产出效率来看，伴随当地土地利用性质由农业用地、居住用地等向工业用地转化，土地的投入产出效率得到极大提升，但无序扩张也带来了土地资源的浪费和土地利用的低效。

"三旧改造"深刻地改变了顺德区乡村工业用地形态。"三旧改造"允许按现状完善历史用地手续，允许采用协议出让供地，允许土地再开发增值收益在政府和各权利主体之间进行分成。从产权关系来看，"三旧改造"明确了现有用地的产权关系，对不符合发展规划的用地进行整治，对部分细碎用地进行整合，并对低效用地进行再开发，推动了产权关系的明晰。从组织体系来看，"三旧改造"以"上下结合"的治理方式，构建了多元主体的多重博弈机制。此外，"三旧改造"有效提升了乡村工业用地的投入产出效率，土地利用效率和集约化程度不断提高。

在多元主体的参与下，顺德区乡村工业用地隐性形态转型呈现多样性特征。从工业用地权属关系看，截至 2017 年，顺德区内权属不明的乡村工业用地仍有 40.40 km^2，占据了一半以上的乡村工业用地面积。相比之下，权属较为明确的乡村工业用地约占总面积的 48.4%，其中国有乡村工业用地为 31.22 km^2，集体所有为 6.75 km^2，权属关系不明问题仍普遍存在。2018 年，容积率在 0.5 以下的乡村工业用地总面积为 21.24 km^2，容积率在 0.5~1.0 的为 41.88 km^2，容积率在 1.0 以上的为 15.25 km^2，容积率较低的用地显著减少，部分乡村工业用地实现了集约化利用，但乡村工业用地整体的容积率仍存在较大提升空间。

2. 乡村空间组织体系变化

在乡村工业化的过程中，顺德区乡村工业用地转型面临着格局细碎、产权模糊、利益纠缠等问题。村级单位分散发展模式导致的细碎格局带来土地投入产出效率低、土地资源浪费、发展规模受限、人居自然环境污染等问题。不同权属工业用地相互交错、相互限制、无序竞争，且部分用地产权不明晰，给地区工业用地的良性发展带来了巨大困难。同时，政府主体、社会主体、市场主体等多元主体的利益相互纠缠，当地宗族集体意识较强，进一步凸显了开展空间综合治理的紧迫性。顺德区乡村工业用地数量庞大且结构复杂，多元主体利益交织混杂，成为乡村工业用地转型升级的重大障碍。面对这些问题，顺德区采取了多样化治理思路，取得了一定成效，但仍存在较多问题。乡村工业用地转型面临的问题可以总结为“综合治理体系不健全”“上下结合不到位”“多元主体参与不充分”等方面。

面对村级工业园区数量多、类型多样、布局分散、土地利用低效、产业升级乏力的问题，仅依托“三旧改造”的现有政策无法实现对大量乡村工业用地的综合治理。乡村工业用地的无序扩张和侵占用地的现象在土地用途管制逐渐强化中得到有效遏制。但以村级为单位的工业园区，其规模大小往往受到很大限制，无法实现规模化的发展，基于物质空间治理的土地利用整治和生态环境修复等措施难以起到积极作用。产权关系复杂叠加乡村工业用地的零散组织体系成为乡村工业用地实现规模化治理的重大障碍。“三旧改造”基于村级用地现状的认定方案，实际上是对过去不合理用地的认可，进一步强化了村庄共同体的权利意识，增加了工业用地产权关系治理的难度。工业用地产权关系治理和工业用地利益主体组织治理不协调进一步凸显了顺德区乡村工业用地治理问题，加之无法突破村级工业用地零散分布的状态，使得乡村工业用地治理仍任重而道远。

在落实乡村工业用地治理过程中，“自上而下”刚性管控与“自下而上”柔性治理的分歧成为限制乡村工业用地实现转型的重要原因。因居民楼与工业厂房“生活与生产空间”交错布局问题，难以符合居民楼与工业区厂房的间隔应超过 50 m 的标准，导致工业用地“双达标”国家相关标准难以落实。乡村工业区因无法连接市政管网，工业废水环保排放难以实现。政府在执行空间管控政策时与基层主体的强冲突关系导致工业用地治理难以推进。信息的不对称增加了村民对政府政策的不信任感，在现实博弈中常因村庄共同体拥有用地治理的谈判优势，导致工业用地治理难以推进。以上这些问题主要表现为工业用地治理“上下联动”不足，关注基层柔性治理的现实诉求，避免盲目的“一刀切”治理逻辑，将有利于推动工业用地治理的实现。

多元主体参与不充分和博弈机制不通畅是顺德区乡村工业用地转型困境的重要影响因素。及时响应“三旧改造”的号召，乡村工业用地原有的问题仍然存在，且“三旧改造”本身也面临着诸多问题，如 80%的改造项目是房地产开发，以及实施的项目大多为旧厂改造。在目前已批复的“三旧改造”项目中，78%的项目为拆除重建，其结果是带来开发强度的大幅度提升，“有机更新”存在困难。深究其背后的内在机制，同空间治理涉及的多元主体利益诉求难以有效平衡密切相关。政府主体在土地财政难以为继的背景下，希望盘活现有土地资源，但缺乏足够的资金去进行更新、改造。因此需要引入市场资本进行治理，进而出现了收益率更高的“退二进三”的治理模式。市场主体追求利益最大化，但受制于土地、合同、租期等问题，无法投入资本对工业厂区进行升级改造，进而带来以高补贴为代表的房地产改造项目。不同村集体、村集体内部不同利益团体之间，因宗族联系、共同体意识、利益关系相互纠缠，对当地工业用地的整治和乡村工业的规模化、协作化发展产生了巨大阻碍。由工业用地治理带来的股民分红有可能在短期内出现搁浅、受损等情况，使得村民抵触心理较强。多元主体因在工业用地中的利益诉求难以实现平衡，矛盾点难以化解，导致乡村工业用地治理困境难以在短时间内实现突破。

3.4.4 顺德区多维度乡村空间治理实践经验

1. 多维度乡村工业用地治理成效

乡村空间治理从重构乡村物质空间、重塑空间权属关系、重组空间关系入手，重新配置乡村空间关键资源，实现政府空间用途管制和基层有序治理的核心目标，调动多元主体积极参与空间开发过程，在推动实现空间权益的公平正义分配的基础上实现多元主体有效博弈的落实。乡村工业用地是特殊历史发展阶段为解决农村就业和产业发展而产生的时代产物，既内嵌在乡村地域系统中，又体现出显著的特殊性，主要表现为空间经济价值显著区别于其他乡村用地，也成为所在地区乡村发展的重要跳板。通过乡村工业的发展，乡村空间经济价值被显著放大，农户参与经济发展的手段和能力增强。新时期，面向产业高质量发展和生态文明转型的现实诉求，如何推动“上下结合”和“多元主体参与”的乡村工业用地转型成为乡村空间治理的核心目标。

“上下结合”型乡村空间治理是应对乡村工业用地转型困境的可取方案。所谓“上下结合”型乡村空间治理方案，即在乡村工业用地转型中实现国家“自上而下”的国土空间用途管制和空间治理目标的落实，强化政府在乡村工业用地广泛分布区的空间治理能力。此外，通过“自下而上”的基层治理完善乡村空间治理体系，协调治理主体的自组织能力，推动乡村空间治理“刚性约束”与“弹性引导”的结合。通过强化“自上而下”与“自下而上”结合的空间治理路径，改变乡村工业用地转型中“弱政府、强社会”的治理弊端，为完善乡村工业转型机制提供有益方案。通过“上下结合”型空间治理逻辑，推动乡村工业用地的整片开发与区域性盘活，打破现有细碎化的空间分布格局，也为落实政府宏观产业布局方案提供广阔空间。因此，“上下结合”型乡村空间治理路径，在物质空间治理上推动乡村工业用地结构完善，在空间组织治理上强调“规划与协商”，在空间权属治理上明晰空间属性，有益于从整体上推进乡村工业用地的转型升级。

多元主体有效参与是推进乡村工业用地转型的重要保障。乡村空间治理权属关系混乱，组织体系零散，涉及利益主体多样且不断变化，这决定了乡村工业用地的成功转型需要对以上问题开展有针对性的治理。多元主体中多级政府、产权主体、市场主体等构成了乡村工业用地组织治理和权属治理的核心主体。这些主体因工业用地转型的权益分配和治理方案的矛盾而更新失败，使乡村工业用地转型陷入困境。多元主体有效参与，以政府搭台为基础，了解产权主体对乡村工业用地的权益关切，推动空间权属治理，明确乡村工业用地权属关系。多元主体有效参与方式应保证“法治化”和“规范化”，减少空间治理过程中的空间寻租行为，加强非政府组织的监督作用，建立顺利沟通议事机制，协调基层治理多元主体差异化利益诉求，推动建立多轮博弈机制。

乡村工业用地需加强物质空间、空间权属和空间组织的综合治理。乡村工业用地物质空间治理主要是改变乡村工业用地的数量和空间结构特征，推动乡村工业用地集聚布局，挖掘存量乡村工业用地潜力，扭转乡村工业用地细碎化问题，这将有利于进一步提升乡村工业用地使用效率。乡村工业用地权属治理和组织治理是保障乡村工业用地转型成功的关键。乡村工业用地的产权关系、组织模式、利用效率、功能特征等隐性形态的可持续转型，是保障乡村工业用地更新成功的关键。针对乡村工业用地权属关系混乱问题，修订股份合作章程和监督机制，加强空间用途管制的落实，治理空间权属乱象。在市场主体不断分化的背景下，从产权主体的组织入手，规范乡村工业用地流转，强化多级政府在乡村工业用地组织中的协调作用，建立市场主体和产权主体在乡村工业用地更新中的博弈监督机制，防止公共利益受损（图 3-8）。

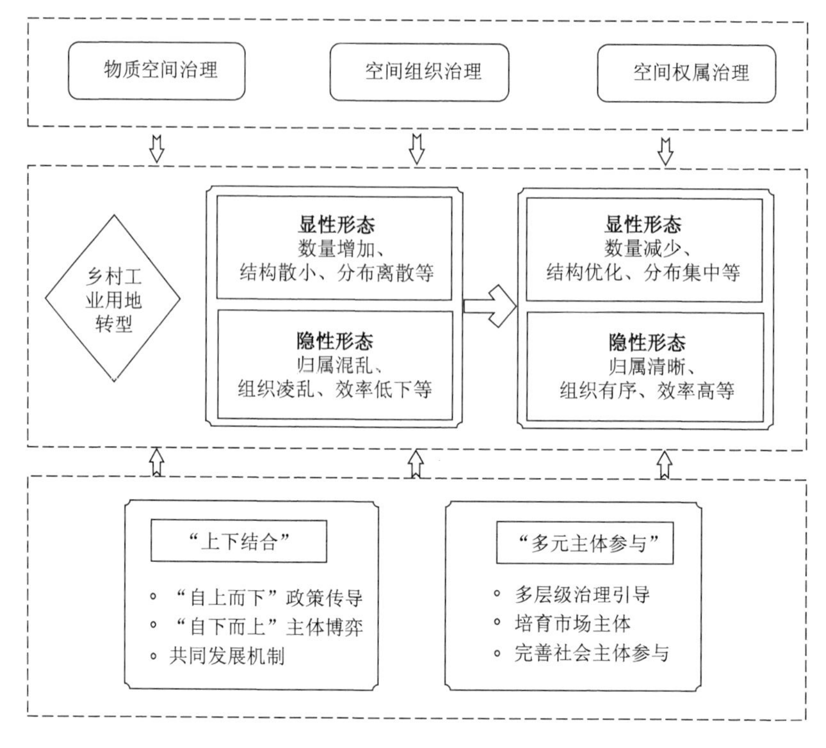

图 3-8　顺德区乡村工业用地治理与城乡融合发展

2. 顺德区乡村空间治理与城乡融合发展

研究发现，作为中国城镇化发展的前沿地区，以顺德区乡村工业用地发展为代表的半城市化地区乡村发展在面对挑战时不断寻求突破，通过空间治理改变乡村土地利用形态，优化乡村空间利用结构和功能体系，充分挖掘乡村空间的价值特征和实现方式，给乡村发展带来了充足资金保障。乡村地区半城市化特征是珠三角乡村空间开发过程呈现出的显著特征，这与该地城镇化和工业化过程密切相关，也同以宗族治理为代表的乡村治理体系紧密相连。总结半城市化地区以乡村工业化为代表的振兴经验，对于启发其他地区实现乡村振兴具有现实意义。

政府正式管理与底层非对抗性的政策突破是乡村地区非常规发展的重要历史背景。珠三角乡村工业用地发展历史进程中伴随大量非法用地的出现，在特定历史开发背景下政府管控不力，甚至疏于管控或默认其粗放发展的社会经济环境已经不复存在。以“三旧改造”为代表的政策完善和补救措施在一定程度上缓解了当前政府管控与基层发展的“强冲突”矛盾。当前，国家正在着力构建以全要素国土空间管控“一张图”为代表的空间治理体系，强化“自上而下”用途管制的传导，以及底层空间的管控和约束。因此，尝试底层空间“非合规”开发和发展的空间逐渐压缩。如何在城乡高质量发展过程中，吸收底层合理发展诉求，满足乡村发展的空间权利，衔接“自下而上”创新与“自上而下”管控相结合的治理体系，对其他地区实现乡村振兴具有重要指导意义。

半城市化地区的乡村发展路径充分说明，提升和显化乡村空间价值是实现乡村振兴的重要手段。半城市化地区大量农用地开发为工业用地，是珠三角地区乡村实现跨越式发展的基础。与长三角地区乡村工业用地逐渐向镇区和园区集中不同，该地区仍有大量乡村工业用地分布在村庄范围内。究其核心差异与不同地区的管控手段和空间治理执行力度有关，也与乡村工业用地的运营方式有关。珠三角地区以宗族为代表的村庄共同体的强博弈和谈判能力是保障乡村工业持续为本地带来效益的重要驱动因素。乡村工业用地成为农户群体的重要收入来源和博弈资本，也在一定程度上提升了乡村空间的价值。以“三旧改造”为代表的空间治理过程所带来的工业用地转型过程，也是乡村空间结构体系、价值特征、功能效应演化的重要表现。乡村振兴战略实施过程中，如何借鉴半城市化地区的经验，推动乡村空间价值显化，创新乡村空间价值实现方式是保障乡村振兴战略实施的重要物质基础。

乡村空间治理重在打好“组合拳”，多渠道抓落实，多主体齐参与，多通道促发展，以确保乡村空间治理推动乡村振兴取得实效。乡村物质空间治理是“支点”，空间组织和权属治理是“杠杆”，通过空间治理实现乡村空间重构、组织重建和权属重塑，三者协同综合治理是实现乡村空间价值增值、组织完善、效率提升的保障。当前国家治理体系中针对乡村空间的治理体系仍不健全，如何构建城乡一体的空间治理机制仍需完善。在体制机制完善过程中，开辟多元主体参与乡村空间治理的路径，构建服务乡村振兴的空间组织模式将有利于夯实乡村发展基础。

乡村空间治理应挖掘空间开发潜力，夯实乡村振兴物质基础，培养乡村内生发展动力、内部组织力、系统恢复力。乡村空间治理瞄准宅基地、农用地、集体经营性用地、乡村工业用地、公共服务用地、生态用地等空间的不合理利用状态，通过优化土地利用转型趋势，实现土地利用结构调整和功能优化。乡村空间组织治理通过重建乡村空间关系网络，重组空间组织运转体系，调动农民参与乡村振兴的积极性。乡村空间组织强化能人带动、组织联动、城乡互动，有利于推进产业发展、人才培育、组织振兴、文化传承，以及落实乡村振兴目标。乡村空间权属治理通过明晰空间产权关系、明确多元主体经济利益来确立乡村发展权益的分配机制，界定公私空间边界，搭建权责明晰的乡村空间权属体系。通过权属治理完善乡村空间价值体系，拓展空间价值实现方式，提升空间价值分配效益。

基于空间治理的土地利用转型与乡村发展良性互动过程将有利于推动乡村振兴目标的实现。研究发现，土地利用形态与乡村发展状态的良性耦合将促进乡村发展，反之将抑制乡村进步。在城乡转型发展进程中，协调好城镇化与乡村振兴的关系将是保障乡村可持续发展和社会稳定转型的重要内容。乡村空间治理瞄准乡村空间开发利用呈现的问题，从多种治理手段入手，强化乡村空间的综合治理，推动乡村土地利用转型与乡村发展状态的耦合状态优化，进而保障乡村振兴目标的落实。

参考文献

陈明星, 梁龙武, 王振波, 等. 2019. 美丽中国与国土空间规划关系的地理学思考[J]. 地理学报, 74(12): 2467-2481.

陈秧分, 刘玉, 李裕瑞. 2019. 中国乡村振兴背景下的农业发展状态与产业兴旺途径[J]. 地理研究, 38(3): 632-642.

丛艳国, 魏立华. 2008. 2003 年以来有关土地问题的研究述评[J]. 城市规划, 32(9): 57-62.

房艳刚, 刘继生. 2015. 基于多功能理论的中国乡村发展多元化探讨——超越“现代化”发展范式[J]. 地理学报, 70(2): 257-270.

冯应斌, 杨庆媛. 2014. 转型期中国农村土地综合整治重点领域与基本方向[J]. 农业工程学报, 30(1): 175-182.

何仁伟. 2018. 城乡融合与乡村振兴：理论探讨、机理阐释与实现路径[J]. 地理研究, 37(11): 2127-2140.

贺雪峰. 2019. 规则下乡与治理内卷化：农村基层治理的辩证法[J]. 社会科学, 4: 64-70.

黄贤金. 2017. 城乡土地市场一体化对土地利用/覆被变化的影响研究综述[J]. 地理科学, 37(2): 200-208.

戈大专, 龙花楼. 2020. 论乡村空间治理与城乡融合发展[J]. 地理学报, 75(6): 1272-1286.

戈大专, 龙花楼, 乔伟峰. 2019. 改革开放以来我国粮食生产转型分析及展望[J]. 自然资源学报, 34(3): 658-670.
戈大专, 龙花楼, 张英男, 等. 2017. 中国县域粮食产量与农业劳动力变化的格局及其耦合关系[J]. 地理学报, 72(6): 1063-1077.
郭贯成, 丁晨曦, 王雨蓉. 2016. 新型城镇化对工业用地利用效率的影响: 理论框架与实证检验[J]. 中国土地科学, 30(8): 81-89.
刘彦随. 2018. 中国新时代城乡融合与乡村振兴[J]. 地理学报, 73(4): 637-650.
刘彦随. 2020. 现代人地关系与人地系统科学[J]. 地理科学, 40(8): 1221-1234.
刘彦随, 刘玉, 翟荣新. 2009. 中国农村空心化的地理学研究与整治实践[J]. 地理学报, 64(10): 1193-1202.
刘彦随, 周扬, 李玉恒. 2019. 中国乡村地域系统与乡村振兴战略[J]. 地理学报, 74(12): 2511-2528.
龙花楼. 2013. 论土地整治与乡村空间重构[J]. 地理学报, 68(8): 1019-1028.
龙花楼, 陈坤秋. 2021. 基于土地系统科学的土地利用转型与城乡融合发展[J]. 地理学报, 76(2): 295-309.
龙花楼, 戈大专, 王介勇. 2019. 土地利用转型与乡村转型发展耦合研究进展及展望[J]. 地理学报, 74(12): 2547-2559.
龙花楼, 屠爽爽. 2017. 论乡村重构[J]. 地理学报, 72(4): 563-576.
龙花楼, 张英男, 屠爽爽. 2018. 论土地整治与乡村振兴[J]. 地理学报, 73(10): 1837-1849.
李立勋. 1997. 珠江三角洲乡镇企业发展的地域特征[J]. 热带地理, 17(1): 47-52.
李玉恒, 阎佳玉, 刘彦随. 2019. 基于乡村弹性的乡村振兴理论认知与路径研究[J]. 地理学报, 74(10): 2001-2010.
欧名豪, 丁冠乔, 郭杰, 等. 2020. 国土空间规划的多目标协同治理机制[J]. 中国土地科学, 34(5): 8-17.
乔陆印, 刘彦随. 2019. 新时期乡村振兴战略与农村宅基地制度改革[J]. 地理研究, 38(3): 655-666.
唐承丽, 贺艳华, 周国华, 等. 2014. 基于生活质量导向的乡村聚落空间优化研究[J]. 地理学报, 69(10): 1459-1472.
田莉, 戈壁青. 2011. 转型经济中的半城市化地区土地利用特征和形成机制研究[J]. 城市规划学刊, 3: 66-73.
田莉, 罗长海. 2012. 土地股份制与农村工业化进程中的土地利用——以顺德为例的研究[J]. 城市规划, 36(4): 25-31.
屠爽爽, 龙花楼, 张英男, 等. 2019. 典型村域乡村重构的过程及其驱动因素[J]. 地理学报, 74(2): 323-339.
屠爽爽, 郑瑜晗, 龙花楼, 等. 2020. 乡村发展与重构格局特征及振兴路径——以广西为例[J]. 地理学报, 75(2): 365-381.
王永生, 刘彦随. 2018. 中国乡村生态环境污染现状及重构策略[J]. 地理科学进展, 37(5):

710-717.
吴次芳, 费罗成, 叶艳妹. 2011. 土地整治发展的理论视野、理性范式和战略路径[J]. 经济地理, 31(10): 1718-1722.
许璐, 罗小龙, 王绍博, 等. 2018. “洋家乐”乡村消费空间的生产与乡土空间重构研究——以浙江省德清县为例[J]. 现代城市研究, 9: 35-40.
严金明, 夏方舟, 马梅. 2016. 中国土地整治转型发展战略导向研究[J]. 中国土地科学, 30(2): 3-10.
杨奎, 张宇, 赵小风, 等. 2019. 乡村土地利用结构效率时空特征及影响因素[J]. 地理科学进展, 38(9): 1393-1402.
杨忍, 陈燕纯, 徐茜. 2018. 基于政府力和社会力交互作用视角的半城市化地区工业用地演化特征及其机制研究——以佛山市顺德区为例[J]. 地理科学, 38(4): 511-521.
杨忍, 刘彦随, 龙花楼, 等. 2015. 中国乡村转型重构研究进展与展望——逻辑主线与内容框架[J]. 地理科学进展, 34(8): 1019-1030.
张英男, 龙花楼, 马历, 等. 2019. 城乡关系研究进展及其对乡村振兴的启示[J]. 地理研究, 38(3): 578-594.
周国华, 贺艳华, 唐承丽, 等. 2011. 中国农村聚居演变的驱动机制及态势分析[J]. 地理学报, 66(4): 515-524.
周国华, 刘畅, 唐承丽, 等. 2018. 湖南乡村生活质量的空间格局及其影响因素[J]. 地理研究, 37(12): 2475-2489.
Ge D Z, Wang Z H, Tu S S, et al. 2019. Coupling analysis of greenhouse-led farmland transition and rural transformation development in China’s traditional farming area: A case of Qingzhou City[J]. Land Use Policy, 86(6): 113-125.
Liu Y, Li Y. 2017. Revitalize the world’s countryside[J]. Nature, 548: 275-277.
Long H L, Zhang Y N. 2020. Rural planning in China: Evolving theories, approaches and trends[J]. Planning Theory & Practice, 21(5): 782-786.
Woods M. 2011. Rural[M]. London and New York: Routledge.
Ye C, Liu Z. 2020. Rural-urban co-governance: Multi-scale practice[J]. Science Bulletin, 65(10): 778-780.

第 4 章　多尺度乡村空间治理

乡村空间在城乡快速转型进程中，表现出尺度综合、尺度传递、尺度交互等多尺度特征，多尺度乡村空间成为揭示城乡空间演化规律的重要切入点。多尺度乡村空间运转逻辑需要破解尺度综合、尺度分异和尺度流动对乡村空间的作用机制，突出乡村空间多维综合性、强化乡村空间时空异质性、融合乡村空间网络流动性，进而从多尺度视角建构乡村空间的解构方案，也为制定尺度适宜的乡村空间治理体系创造条件。本章从乡村空间多尺度特征入手，建构面向城乡融合发展的多尺度乡村空间治理体系，解析多尺度乡村空间治理支撑城乡关系纾解的有效方案。

4.1　多尺度乡村空间特征识别

4.1.1　地理综合性与多尺度乡村空间特征

1. 地理综合与乡村空间

地理综合性通常将地理（地域）综合体作为研究对象，关注综合体在多种地理要素相互作用过程中体现的地域结构和功能的整体特征，在此基础上总结地理现象和过程的演化规律（阎国年等，2021）。因此，综合性思维强化了地域综合发生规律的科学意义，重点在于揭示地理要素交互作用的内在关系和动力机制，强调地理空间演化过程不是单一要素驱动的结果，指出多要素综合过程是地理规律发生演化的内在逻辑，突出了空间综合分析的研究范式（方创琳等，2017；樊杰等，2023；戈大专，2023）。为了增强地理综合分析的技术和理论支撑，地理系统思维和模型成为地理综合研究的重要抓手，强调自然环境系统与人文经济系统内在的整体性（陈旻等，2021），探寻自然圈层和社会圈层相互作用规律，突破地理综合的理论与方法难题。面对地理综合分析的理论和实践困境，吴传钧（1991）提出的“人地关系地域系统”理论正是地理综合研究的重要理论基石。

乡村地域综合体和城乡空间联动性成为乡村空间综合的重要特征。乡村空间的综合性是乡村地理长期研究的主阵地，也是乡村地理研究的理论前沿。乡村空间综合性主要表现为自然环境系统和人文经济系统交互作用频繁、乡村空间演化过程及驱动机制的综合性、乡村空间动态模拟的结构和技术综合、城乡空间联动作用的机制趋于复杂等。《中华人民共和国乡村振兴促进法》中强调："乡村是指城市建成区以外具有自然、社会、经济特征和生产、生活、生态、文化等多重功能的地域综合体"，从法律层面认可了乡村空间的综合性特征，尝试从地域综合体视角解构乡村空间的内在机制。刘彦随（2018）基于"人地关系地域系统"思想，提出了乡村地域系统理论，并利用多体系统建构乡村空间综合分析的理论和实践路径。乡村空间综合性评价试图研究其发生演化规律，如"乡村性""乡村活力""乡村吸引力""乡村弹性"等评价方案，均尝试从某些侧面揭示驱动乡村空间演化的内在机制（唐承丽等，2014；Li et al.，2019）。由于乡村空间相较于城市空间具有鲜明的"离散性"（He and Zhang，2022），乡村空间综合性研究的尺度选择特别重要。针对不同尺度的乡村空间开展综合性研究，往往导致研究主体和方案的迥异，接下来将着重论述这些内容。

2. 多尺度乡村空间综合

乡村空间多尺度综合是解析乡村地域系统内在机制的重要工具，乡村空间综合的尺度选择与尺度转换是乡村空间综合研究的关键环节。"国家—省级—县级—乡镇—村庄"等多级行政尺度是划分多尺度乡村空间的常规方案，不同层级的乡村空间由于尺度差异，对应的空间综合内容也随之变化，其显著的特征是高层级乡村空间内容更宏观，而低层级乡村空间内容更微观，对应的空间综合方案也不同。从"省域—县域—镇域—村域"四个尺度出发解构多尺度乡村空间治理体系，并没有将国土空间规划体系中的市域（地级市）尺度涵盖进来。上述选择是因为市域尺度的乡村空间特征处于省域和县域之间，典型性不够，因此并未将其考虑进来。省域乡村空间综合分析的重点是揭示乡村空间要素组成、空间结构与功能属性等宏观特征，空间综合的解构方案以结构和功能评价为核心手段，突出广域乡村空间的综合特征（樊杰等，2023）。随着尺度下移，乡村空间综合内容逐渐丰富，县域尺度作为长期稳定的治理单元成为乡村空间综合较为成熟的尺度，且县域主体功能定位能够较好地阐述中观尺度乡村空间综合的内在机制。县域乡村空间综合分析方案较为成熟，测度县域空间结构功能体系的方法较为完善，评价乡村空间综合特征的指标体系也较为丰富。随着交通通勤半径的扩大，县域尺度逐渐成为乡村空间综合统筹的远景目标尺度。乡镇尺度作为衔接城市与村庄尺度的转换枢纽，随着农民生产生活半径的扩大，空间结构功能协调的潜力和范畴不断拓展，乡镇空间综合在部分地区已全面实现。村庄作为乡村空间的微观载体，包含了丰富的乡村空间信息，空间要素聚合特征和功能复合性得到凸显。然而，微观空间的离散性导致乡村空间综合难度大，典型村庄空间综合在揭示空间演化内在逻辑上需提供更多的案例支撑。由此可知，乡村空间综合内容的多样性与尺度选择密切相关，针对乡村空间问题选择合适的尺度开展空间综合至关重要。

多尺度乡村空间交互作用为空间尺度转换与跨尺度作用提供新路径。乡村空间综合研究需要在解构体系和技术方案中找到新的突破，乡村空间多（跨）尺度交互作用为建构乡村空间科学分析提供支撑。新时期，数字乡村空间综合分析对多尺度空间综合提出全新要求，需要进一步提炼面向地理要素交互作用的综合分析方案（乔家君和马玉玲，2016）。建构可度量、可模拟、可跟踪的乡村空间信息平台将提升乡村空间的综合分析和模拟能力。传统乡村空间综合分析以“人地关系”“人地作用”“人地关系转型”等作为核心主线，但多尺度乡村空间人地关系交互作用逻辑不清，这也直接导致乡村空间尺度传导与尺度交互机制不明，进一步限制了多尺度乡村空间定量分析和科学模拟。因此，面向多尺度空间交互作用的乡村空间综合分析需要在尺度治理上找到突破口，明确尺度综合要素，找准尺度治理手段，明晰尺度传导机制，突出尺度治理效应，强化尺度交互路径。

4.1.2　地理区域性与多尺度乡村空间特征

1. 地理分异与乡村空间

地理研究的区域性以空间“差异性”与“相似性”作为研究的基本出发点，关注区域间的分异规律、梯度差异、划分体系，以及区域内的时空过程与地理机制（陈旻等，2021；宋长青等，2020）。因此，区域内部地理要素发生演化规律与区域间地域分异和关联性作用规律成为地理学区域性研究的主导方向。传统单一要素主导的区域性研究已难以满足新时代地理综合的诉求，区域问题分析对多要素驱动、多区域联动、多系统交互提出更高要求。针对"问题区域"的"区域问题"，如何从区域视角提供全局性解决方案，成为新时期区域研究的重要方向。地理区划是地理学的传统工作，也是深化地理区域性研究的有效手段，从区域的"统""分"方案出发，对地理空间开展区域内和区域间的系统分析，不论是"自上而下"的分类体系还是"自下而上"的聚合方案，区划研究都为区域研究提供重要依据（樊杰等，2023；彭建等，2017）。

以乡村发展问题为导向的乡村地理研究长期关注"乡村问题区域"和"区域乡村问题"，并形成了多尺度乡村区域研究传统。乡村空间区域性特征与乡村地域演化规律紧密相关，离散的乡村空间进一步凸显了乡村地域差异性，乡村地域类型划分研究尝试寻找一致性的乡村空间，并进行空间区划，进而建构"自下而上"的乡村空间划分体系。以农业区划为代表的乡村生产空间区划，突出了分散特征下的乡村空间区域特色（傅伯杰，2014），乡村空间分区的地带性规律成为揭示乡村空间区域特征的重要手段。乡村空间区域性在多尺度案例选取上呈现显著特色，典型村域成为乡村区域研究的重要载体，村域人地交互作用过程和机制成为解析区域乡村空间演化规律的有效路径。微观乡村空间地域差异性显著，直接导致乡村空间区域间对比研究困难，难以建立统一的测度标准，加之数据获取渠道单一，导致乡村空间区域间对比分析以质性分析为主，空间离散的异质性特征被强化。乡村空间区域研究尚缺乏科学的范式，导致乡村空间区域研究与农村社会经济和土地管理等学科的分析范式区分度不够，乡村地理的区域分析范式仍待完善。此外，乡村空间区划研究的深度和广度仍待拓展，区域内一致性和区域间对比性研究均需要更科学的评价体系，用以支撑离散空间的聚合研究，推进乡村空间聚合的尺度选择显得尤为重要。在新时代，城乡跨尺度交互作用下，乡村空间区域性研究需要在尺度选择和多尺度融合上找到新的突破口。

2. 多尺度乡村空间异质性

乡村空间结构的不连续性、功能的多样性、价值的复合性决定了多尺度乡村空间分异，可以基于乡村地域综合体的"要素-结构-功能"分异进行阐述。"城乡分治"的国土空间管控体系、"权利模糊"的空间权属体系、"组织零散”的空间组织体系构成了乡村空间分异的宏观背景，多尺度乡村空间分异需要在区域乡村空间演化中找准合理的分析对象。多尺度乡村空间需要考虑城乡地域系统要素、结构和功能的格局状态，城乡割裂的空间异质性分析难以真正起到“管中窥豹”的作用。多尺度乡村空间要素分析可以选择合适的尺度将驱动乡村空间转型的自然、环境、经济、社会等要素囊括进来。乡村空间结构分异是解析区域空间内在机制的关键环节，有助于完善乡村地域综合体演化的理论逻辑，主要包含空间体系结构、空间关系结构、空间组织结构等。乡村空间功能分异从功能视角展示了区域乡村空间的发生机制，而地域功能类型、主导功能差异、综合功能演化等视角是较为成熟的分析范式。

多尺度乡村空间需要重点分析其“自上而下”和“自下而上”差异化的分异逻辑，进而为建构多尺度乡村空间治理体系提供参考。“自上而下”的乡村空间尺度分异可从空间分异的传导机制上找寻地理踪迹。在宏观尺度（如国家级和省级）上厘清区域主体功能和综合功能的地域差异，是尺度分异及其传导的关键内容，乡村空间地域综合功能分异决定了乡村空间转型趋势。县级尺度上乡村空间分异主要表现为空间结构体系的异构过程，县域作为乡村空间统筹治理的关键尺度，其分异机制是制定空间统筹方案和结构体系优化的基础。而镇域尺度是乡村空间管控和要素统筹的重要尺度，乡村空间分异可以基于土地利用和人口转型趋势，精确测度不同村庄的地域类型，进而填补宏观尺度上乡村空间分异粗糙的裂隙。村域尺度是乡村空间分异的基层单元，地理要素分异是村庄空间分异的底层逻辑，空间离散带来的结构分异需要在数据获取中找到突破口，基于农户调研、多时相高分卫星数据、村庄发展历程访谈，建构村庄尺度乡村空间分异数据库是微观空间分异的数据基础。“自上而下”的乡村空间分异体系重点阐述了国家治理视角下的传统尺度传导理念，但尺度传递的地理逻辑仍不明晰，微观尺度空间如何影响宏观尺度空间的地理机制值得深入探讨。新时期如何建构“自下而上”的乡村空间分异体系，引入新的数据和技术方案，将“微观”“分散”“多元”的底层乡村空间分异结果通过尺度交互逻辑形成全新的空间分异分析范式，将有利于提升乡村空间分析精度，推动城乡空间分异研究的底层衔接。

4.1.3 地理流动性与多尺度乡村空间特征

1. 地理要素流动与乡村空间

地理要素流动塑造了空间流动性，成为改变地理空间格局的重要动力，空间流动性成为分析空间演变与地理演化机制不可或缺的重要视角。开放系统、“流”空间、远程耦合成为新时期地理空间研究的新命题(宋长青等,2020)，面向地球表层自然环境系统和社会经济系统的复杂交互作用，从静止空间分析逻辑向流动空间分析逻辑转型（樊杰，2018），流动性成为复杂地理系统分析的重要思维模式。区域间频繁的物质能量交换提升了空间范围内人流、物流、信息流、技术流、资金流、能源流等要素的互动频率、流动趋势和流动强度。席广亮等（2022）研究发现“流”空间和场所空间的互动作用改变了传统地理空间的关系体系，影响了地理要素的时空弹性，改变了地理空间的组织和布局模式。现代交通（航空航天、高速铁路等）、通信（互联网、移动通信等）、智能模拟（AI、VR 等）等技术的快速发展，突破了自然绝对空间的限制，以空间距离、空间环境、空间演化为基础发展起来的传统地理学理论面临重大挑战（李双成等，2022）。地理要素在多尺度空间的集聚与扩散，改变了常规地理空间综合性和区域性的分析逻辑，本地要素流动的跨尺度效应进而带来区域地理演化驱动机制的复杂化，改变了地理综合分析的常规模式。

城乡要素流动重塑了乡村空间运转体系和解析方案，数字技术重构了乡村空间的联动特征，乡村空间流动性带来乡村空间的要素混杂化、结构动态化、功能多样化。社会经济发展要素在城乡空间的频繁流动，突破了城乡之间要素流通壁垒、权利分配障碍、结构功能失衡等问题，发展要素流通便利化成为乡村空间流动的重要特征，为打破城乡空间的不均衡格局创造条件(戈大专和龙花楼，2020)。城乡人口流动是打破城乡要素流通的关键环节，多渠道人口流通与迁移打开了城乡发展要素（技术、信息、资本、人才等）互通的大门（龙花楼和屠爽爽，2017；叶超等，2021），使城乡空间交互的高频度和跨尺度成为可能。城乡市场联动在乡村空间用途管制和乡村空间权利有序配置过程中得以强化，城乡交通网络体系是市场联通的重要通道，为构建新型城乡关系提供组织保障和资金供给，进而重构城乡空间联通体系，使城乡基础设施建设的一体化特征不断增强。城乡土地利用结构与功能联动的动态响应，为揭示乡村空间流动性规律提供重要依据。流动性乡村空间是乡村地域系统转型分析的有力工具，强调系统开放性，突出城乡空间联动的现实逻辑，为分析城乡转型与乡村重构提供全新方案。

2. *多尺度乡村空间流动*

城乡空间转型是多尺度乡村空间流动的内在动力，进一步推动了城乡空间要素流动，将平面的城乡空间拓展为立体的多尺度空间。如果说城乡是一个不可分割的有机体，那么城乡空间在空间流动性作用下更加具有空间的一致性。长期以来对城乡空间的割裂的研究已经难以揭示空间联动的内在机制，空间流动性成为衔接多尺度物理空间的纽带，强化了城乡空间的交互作用。空间流动性推动城乡空间结构连通、功能互通、价值流通的内在机制和互动作用逻辑，成为城乡空间综合衔接的科学基础，也是分析多尺度乡村空间流动的前提。多尺度乡村空间要素流动主要有人口流、物流、信息流、资金流、技术流等，人口流动成为解析城乡空间流动的关键信息，城乡人口流动的空间效应，进一步带来其他要素的跨尺度流动。多尺度乡村空间流动性强化了城乡空间联动作用机制，并强调了“自下而上”底层空间要素流动对城乡空间的重构作用，基于城乡要素流动的空间尺度交互作用，进一步明确了多尺度乡村空间流动的尺度嵌套和尺度交互逻辑。

多尺度乡村空间流动完善了城乡空间网络体系，网络化和数字化成为新时期多尺度乡村空间流动的显著特征。空间流动在多尺度乡村空间之间起到了衔接作用，推动乡村空间由尺度割裂转向尺度交互。多尺度乡村空间流动性重构了“自下而上”空间网络的生成机制，进一步强化了底层空间流动对顶层空间的影响，使空间远程耦合与链接成为可能（宋长青等，2018；樊杰等，2023）。此外，尺度交互强度提升将进一步增强空间网络韧性，也为乡村空间多元发展创造机遇。省域尺度在空间要素跨区域配置上发挥了重要作用；县域尺度作为空间流动网络的枢纽，其作用日渐明晰；镇域尺度的上下衔接作用和村域尺度的流通启动作用得到强化。以数字化为代表的乡村发展过程，为多尺度乡村空间信息、物品、资金等的流动创造条件，有利于打破城乡数字鸿沟。网络化与数字化叠加后，多尺度乡村空间已具备“自下而上”聚合的现实基础。从底层空间数字信息采集入手，通过信息技术和网络技术，实现多尺度乡村空间大数据聚合，进而为测度乡村空间多尺度分异提供高精度数据和方法支撑（图 4-1）。

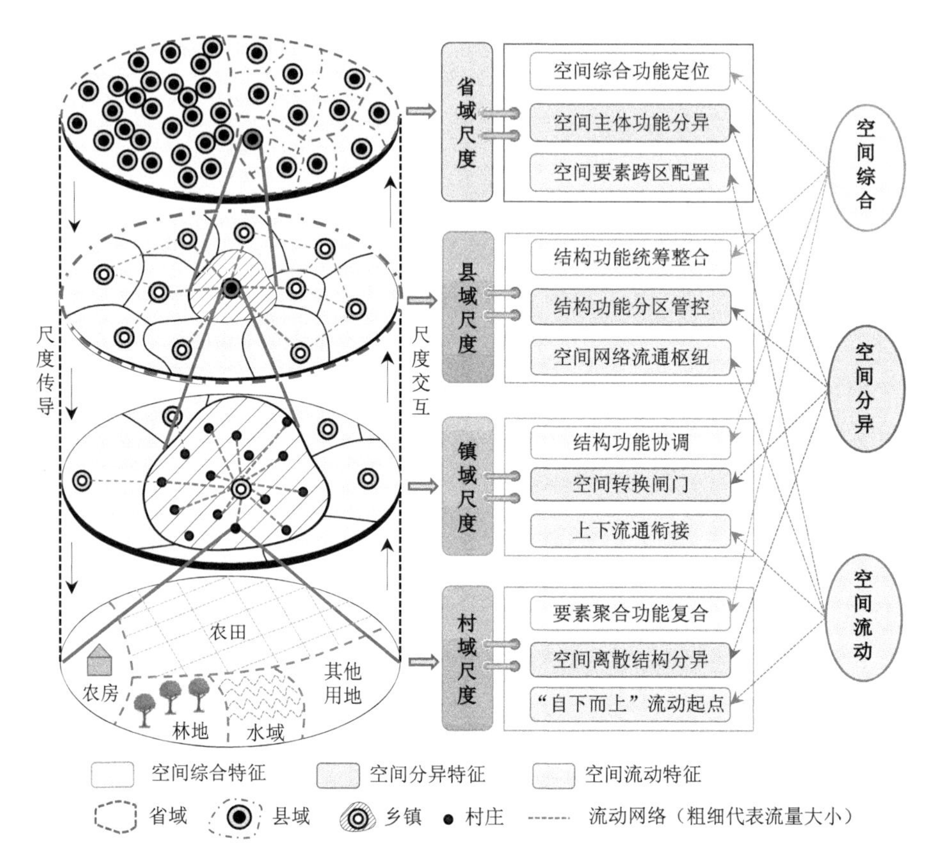

图 4-1　多尺度乡村空间内在逻辑关系

4.2　多尺度乡村空间治理逻辑体系

4.2.1　多尺度乡村空间治理体系建构

多尺度乡村空间治理的核心目标是破解新时代乡村空间开发利用过程中存在的结构性问题，以多尺度思维为牵引，重点突破多尺度空间综合、空间分异和空间流动存在的体制机制障碍，进而提升空间治理水平，完善多尺度乡村空间治理体系。多尺度空间综合治理、空间分区治理和空间流动治理，分别瞄准乡村空间的多尺度分异规律，从多维度视角建构面向城乡空间治理现代化的乡村空间治理逻辑体系。乡村空间多维度和多尺度异质性为开展有针对性的空间治理提供了指引，尺度差异与多维度乡村空间建构相结合，进一步明晰了多尺度治理主体、治理内容、治理目标、治理路径。通过空间综合性、区域性和流动性的尺度分析，建构面向城乡空间融合、区域配置均衡和空间网络畅通的多尺度乡村空间治理体系（图 4-2）。

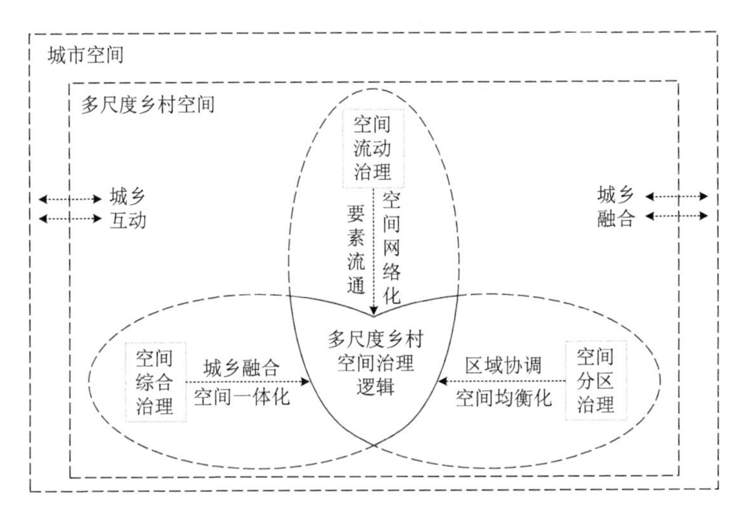

图 4-2　多尺度乡村空间治理逻辑

在城乡转型发展进程中，乡村空间重构机制存在明显的尺度特征（重构程度、重构效应、重构机制等），“科学、高效、有序”的乡村空间多尺度治理体系有利于推动城乡融合发展，而“紊乱、低效、失序”的乡村空间治理将削弱乡村治理能力，造成系统性治理障碍。因此，面向城乡融合的空间综合治理、面向区域协调的空间分区治理、面向要素流通的空间流动治理成为破解上述问题的有效方案。建构以“空间综合-空间分区-空间流动”治理为核心的多尺度乡村空间治理框架，从不同维度建构面向乡村空间治理现代化的多尺度治理内容，重点解决以转型期城乡空间难综合、区域空间难协调、空间网络不畅通为核心的多尺度空间治理问题，服务城乡融合发展和乡村振兴战略的实施。

4.2.2 多尺度乡村空间治理体系设计

1. 多尺度乡村空间综合治理

现阶段，乡村空间综合治理聚焦于多尺度城乡空间的综合，服务城乡空间融合的远景目标，重构城乡空间融合的体制机制，重塑多尺度城乡空间格局，推动城乡空间融合规划落地与统筹治理目标落实。多尺度乡村空间综合在宏观尺度（如国家尺度）上应明确城乡空间主体功能定位，落实城乡空间一体化机制建设，从国家治理和城乡治理现代化的愿景出发（叶超等，2021），科学评价和模拟城乡空间动态趋势，尽快实现城乡空间治理在顶层治理层面的一体化布局。省域尺度乡村空间综合治理在明晰地域主体功能和综合功能的基础上应科学谋划城乡空间功能定位，以多级城镇体系建构为核心，科学谋划城乡空间战略布局。县域尺度乡村空间综合治理在明确地域综合功能的基础上应厘清县域城乡空间的远景定位，统筹推进县域城镇化。镇域尺度乡村空间综合治理在完善城乡空间联动的基础上，应推动乡村空间聚合和镇域空间统筹。村域尺度空间综合需要明确乡村地域功能和未来发展导向，服务“上下联动”城乡空间综合治理目标。通过多尺度城乡空间联动治理，推动多尺度乡村空间在空间统筹治理上实现尺度交互。

基于单尺度特征识别、分尺度综合模拟和多尺度动态协调，实现多尺度乡村空间综合治理。通过多尺度乡村空间综合治理，总结乡村地域综合体的运转逻辑，揭示多尺度城乡空间交互的内在规律和分尺度整体特征，形成城乡空间统筹治理的系统性建构和多尺度乡村空间的整体性治理。当前，针对乡村空间底层个案和顶层综合评价的研究均较多，但针对乡村空间多尺度综合特征的内在机制及其系统性建构的研究仍需在理论和技术上实现突破（陈昱等，2021；樊杰，2018）。面向城乡空间统筹的空间系统性剖析是破解乡村空间分尺度整体性认知不足和多尺度交互作用机理不清的重要抓手。通过识别决定乡村空间尺度特征的关键地理要素，总结多尺度城乡空间作用的整体性特征，针对关键地理要素的多尺度交互作用机制制定尺度适宜的要素调控方案，形成多尺度城乡空间综合治理可行路径。通过多尺度乡村空间综合治理明晰不同尺度综合的内在机制，识别分尺度的关键驱动要素，进而落实城乡空间一体化综合治理目标。

2. 多尺度乡村空间分区治理

多尺度乡村空间分区及其跨尺度交互作用机制是完善空间治理的重要内容，也是推动乡村空间区域性治理的重要手段。在乡村空间综合认知和多尺度系统解构的基础上，分尺度开展乡村空间分区治理，厘清多尺度分区嵌套逻辑及其转换机制，是深化乡村空间多尺度治理的重要内容。以国土空间规划“三区”（城镇空间、农业空间、生态空间）划定为代表的国土空间分区方案基本确立了当前国土空间用途管制分区的空间治理格局（郝庆等，2021；岳文泽和王田雨，2019），进而形成了主导功能和适宜性的分区体系，将国土空间划分为城镇发展区、农业农村发展区和生态保护区，叠加差异化的用途管制方案，形成差异化国土空间分区治理方案。多尺度乡村空间分区治理的核心是需要界定尺度分区的科学依据，明确跨尺度分区的交互机制，形成分区体系的尺度嵌套，促进分区治理与分尺度治理的衔接。当前，规划分区体系中仍存在多尺度分区传导的理论和技术困境，宏观尺度（如省域）上乡村空间分区在规划分区中难以得到体现；中观尺度（如县域和镇域尺度）上仍存在分区粗糙，难以真实反映底层空间基底的问题；微观尺度（如村域）上空间用途有效反馈到县域尺度的规划分区方案中，进而建立多尺度乡村空间分区治理体系仍待完善。

多尺度乡村空间分区治理效应以优化乡村空间分异格局和突出乡村空间均衡布局为主要价值取向，推动乡村空间分区治理的尺度交互，落实城镇空间高效、农业空间提质和生态空间保育的分区管制目标，强化乡村空间多尺度分区的尺度适应性。多尺度乡村空间分区治理在打通尺度分区衔接和多尺度分区传导的基础上完善空间用途管制体系，创新空间分区治理方案，完善跨区域分区配置体系，服务空间均衡配置目标。针对“三区”划定过程中乡村底层空间管控强度大、空间开发弹性不足等问题，创新多尺度空间分区和跨区域空间调配的空间用途配置创新方案，以多尺度分区传导和跨区域用途管制衔接为突破，强化空间分区的均衡性和治理强度的伸缩性。省域尺度上以主体功能为依据，在强化乡村空间结构功能协调（如农业空间与生态空间协调）的基础上，推动乡村空间功能分区与结构分区的价值均衡，预留乡村空间保护区。县域尺度上识别乡村优势发展区，合理配置镇村聚落体系，推动建设空间分尺度配置，优化农业生产与乡村生活空间结构布局。镇域尺度上通过细化乡村空间用途分区及其与县域尺度的协同关系，创新乡村空间价值体系在多尺度分区中的传导逻辑。村域尺度从空间权属关系和组织体系创新入手，上溯乡村空间分区价值，突出多尺度乡村空间分区治理的价值分配导向，落实空间用途分区的有序传导与反馈，实现多尺度空间均衡布局（图 4-3）。

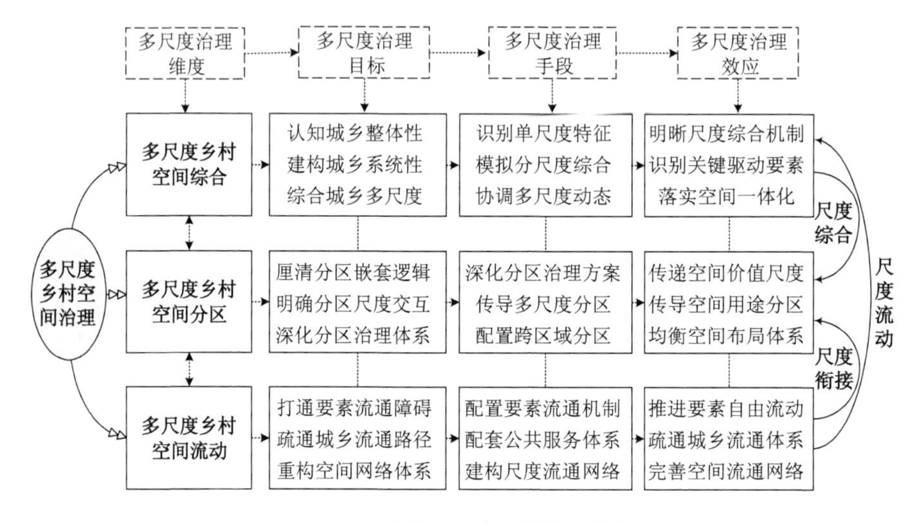

图 4-3　多尺度乡村空间治理体系

3. 多尺度乡村空间流动治理

多尺度乡村空间流动治理的核心是打通地理要素的流动网络和尺度流通路径，在综合治理和分区治理的基础上链接空间尺度分层，推进多尺度空间的网络连通度和尺度交互性，完善数字空间治理与跨尺度空间链接。空间综合和空间分区在强化乡村空间分尺度治理重要性的同时，在空间跨尺度链接上仍待强化，而空间流动性治理为上述问题的破解提供了有效方案。针对分尺度空间链接和跨尺度交互存在的流通堵点和网络通达度不高等问题，有针对性地引入现代数字信息技术，建设信息网络通道，强化要素流通的数字化运营，基于数字流通带动尺度交互和网络连通。与之对应，多尺度流动治理需要打通乡村流通网络的“最后一公里”困境，从配套基础设施和供给公共服务入手，提升流通网络的基础设施建设水平，夯实底层乡村空间的连通潜力和能力。除数字基础设施建设以外，交通、物流、金融、技术等经济发展核心要素的流通网络建设也至关重要。与多尺度乡村空间流通障碍相对应，在分尺度空间流通系统中预留跨尺度流通接口（或关键要素流通转换接口），分级实施关键要素的尺度配置，提升流通网络的抗扰动能力（图 4-3）。

通过多尺度乡村空间流动治理破解当前城乡空间网络连通不通畅和跨尺度交互不稳定等问题，形成城乡空间价值流通、空间网络跨区域流通、发展要素跨尺度流通的有序空间网络体系，服务乡村空间多尺度治理现代化目标。瞄准新时代数字治理和智能治理趋势，以多尺度乡村空间网络畅通服务城乡要素流通和公共服务设施连通诉求，推进城乡空间要素流通的动态模拟与要素跨尺度交互的衔接。省域尺度上突出要素流通与空间价值交互的互动耦合作用，以流通网络搭建为基础推进城乡空间价值流通和区域乡村空间价值交换；县域尺度以畅通基础设施配套体系和完善公共服务供给为突破，推进空间开发价值向乡村底层扩散；镇域尺度以衔接城乡发展要素跨尺度流通为契机，推动创新性乡村产业发展；村域尺度乡村空间流动性治理以“人”的全面发展和跨尺度流通为目标，推动乡村空间人地关系的协调和价值体系的重构，提升村域多尺度要素流通的承载力和跨尺度交互作用的影响力。

4.3　多尺度乡村空间治理与城乡融合发展

新时代落实多尺度乡村空间治理需要与现有政策体系对接，开辟乡村发展新路径，突出乡村空间创新治理新思路。从统筹城乡空间的综合性治理出发突破城乡割裂的治理困境，从创新用途管制的区域性治理出发强化空间治理的价值取向，从均衡发展权配置的流动性治理出发突出空间流动性的创新作用。

4.3.1　统筹城乡空间治理与城乡融合发展

统筹城乡空间的多尺度治理有利于突破城乡空间综合瓶颈，打破城乡空间分治带来的城乡融合障碍。城乡市场网络化、信息交互数字化、主体博弈多元化已经成为城乡空间交互常态，城乡空间分治难以适应新时期乡村发展的现实需求，更加难以支撑高质量城镇化发展目标的实现。统筹城乡空间的综合性治理，在强化乡村空间特征的基础上，从城乡综合的空间联动性入手，强化城乡空间统筹治理的重要性。优化城乡空间互动“强度”和“通道”，重构城乡发展要素流动格局、空间结构特征、空间功能体系，进而建立全新的城乡互动关系。多尺度城乡空间统筹治理需要在平衡国土空间安全的基础上推进城乡关系融合，构建城乡联动高质量发展和城乡共同富裕的新格局。城乡空间多尺度综合治理落实国家发展的安全底线，需要从尺度综合特征出发明确分尺度安全保障支撑体系，进而建构与之对应的城乡空间统筹支撑措施。

通过城乡空间多尺度统筹实现空间治理“自上而下”协调、“自下而上”聚合，完善空间治理现代化目标。城乡空间统筹需要制定尺度适宜的空间综合方案，进而推动城乡空间的多尺度联动和跨尺度交互。现阶段，推动城乡公共服务和基础设施的一体化将为多尺度乡村空间综合的实现创造基础条件。以交通、物流、数字网络等为代表的基础信息网络将成为推动城乡空间统筹的重要基础，也为打通多尺度乡村综合提供网络平台。以数字城乡建设为翘板，推进城乡空间信息化和网络化建设，全面深化城乡空间一体化建设。通过城乡基础设施和公共服务一体化建设，弥合城乡空间统筹的体制机制障碍，打通城乡空间综合治理的基础网络。省域尺度城乡空间统筹需要结合社会经济发展梯度特征，以地域综合功能为指导制定差异化统筹方案。县域尺度作为城乡空间统筹的关键尺度，以全域国土空间整治为核心抓手，面向城乡空间融合目标制定全域空间统筹方案，打破条块化空间治理思路，制定全域空间统筹谋划方案。强化镇域和村域尺度多元主体的能动性，突出主体决策的灵活性和适应性，以空间主体的能动性衔接空间治理的约束性（图 4-4）。

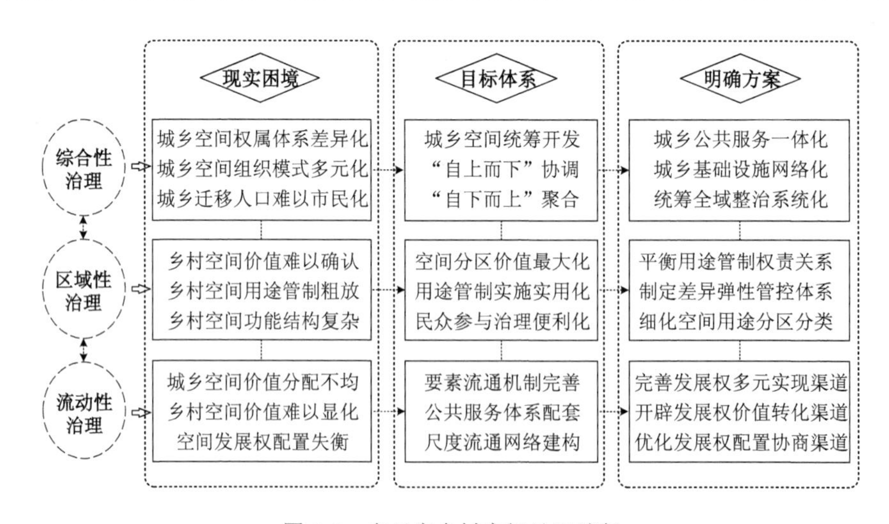

图 4-4　多尺度乡村空间治理路径

4.3.2　创新区域用途管制与城乡融合发展

创新用途管制方案是落实多尺度乡村空间治理的有效手段，也是实现多尺度分区治理的可行路径。多尺度空间治理应以空间分区价值最大化和利益最优解为目标，有效对接国土空间规划指标和规划用途分区传导体系。基于“逐级分解、要素传导、分类管控、分区细化”的乡村空间多尺度用途管制原则，确定分尺度空间管控内容，创新用途分区体系和分区管控方案，在完善刚性管控目标的基础上，寻求乡村空间价值最大化、民众参与便利化、管制实施实用化的可行方案。基于乡村空间的多功能体系，创新乡村空间用途分类体系，以文化保护空间、生态保育空间、社会保障空间等分类突出乡村空间的多元功能，强化乡村空间用途分类的多元价值导向。基于乡村空间复合结构体系，在空间用途分区划定和用途管制规则制定中突出乡村用地结构的混杂性和功能的复合性，强化乡村空间“刚性管控”和“弹性引导”的有机融合。以创新乡村空间价值实现方式为突破，开辟乡村空间权利和价值新领域，培育乡村空间价值交易新渠道，拓展乡村空间价值变现新路径。此外，突出乡村风貌建设和文化传承引导，结合乡村空间分异特征和乡村发展定位，兼顾不同村庄的特色和管制诉求进行村庄分区管制。

创新多尺度乡村空间用途管制逻辑，将有利于从尺度分异视角强化乡村空间的区域治理效应。通过多尺度用途分级管控体系，明确管控要素传导逻辑和管控规则有助于提升乡村空间尺度治理能力。宏观尺度（如省域尺度）结合空间价值重构，明确乡村空间价值体系，重构空间用途管制体系“权”与“责”的对等关系。粮食安全和生态安全贡献越大的区域，越应该创新乡村空间用途管制实施方案，以为其提供空间价值转化渠道，平衡“空间贡献”与“空间收益”的巨大差异，推进空间分区价值均衡化。县域尺度在全面评估城乡空间远景变化的基础上，识别乡村空间地域分异特征，制定差异化空间分区管控体系，优先保护稀缺性空间资源，有序开发高价值资源。镇域层面基于土地发展权管制思路，明确不同类型村庄差异化管控诉求，统筹分配空间管控指标，引导村庄分区分类，优化用地结构。村域尺度通过整合各类专项规划的用地需求，进一步细化乡村国土空间用途单元，明确各单元承载的用地结构，落实各类控制线和空间管控指标，强化乡村国土空间用途管制的可操作性（图 4-4）。

4.3.3 均衡发展权流动性配置与城乡融合发展

城乡空间价值分配不均和乡村空间价值难显化已然成为城乡空间治理现代化必须直面的问题，均衡空间发展权配置逻辑是空间治理的重要内容，基于流动性的多尺度乡村空间治理为推动空间发展权均衡配置创造了有利条件。全面推动乡村振兴战略的核心是需要重构乡村空间价值体系和完善价值实现方案，没有城乡空间价值联动和发展权的均衡配置，城乡融合发展和乡村振兴战略的落实均会缺乏有效支撑。空间价值的尺度流通性和城乡流动性决定了创新乡村土地发展权的生成、转移和变现渠道，是均衡城乡发展权配置的前提条件，城乡发展权的跨尺度配置将提升空间价值的配置效率，完善配置体系。以城镇开发建设用地指标与乡村发展建设用地指标为博弈核心的发展权配置失衡，与当前乡村空间所有权、财产权、交易权为代表的发展权体系发育不完整和法律保障不完善紧密相关。因此，相信农民“用脚投票”的合理性（Tiebout，1956），给予农民更多的发展选择权和空间配置权，进而以发展要素城乡流动为基础，推动城乡空间发展权实现尺度流动。推动城乡土地市场开放互动，构建城乡一体化土地市场将释放乡村空间巨大的经济价值，结合空间价值的跨尺度流动可激发乡村地区的发展活力（图 4-4）。

空间发展权的均衡配置需要明确其尺度配置手段，重点包括多尺度发展权多元实现渠道、价值转化渠道和配置协商渠道的完善，进而落实多尺度乡村空间流动性治理路径。发展权多元实现渠道应结合自然资源产权制度与自然资源配置体系创新契机，引入更多市场化配置元素，完善发展权的市场定价权和打通发展权的市场配置机制，以城乡多尺度流通网络为基础，突破城乡空间发展权的尺度配置障碍。开辟乡村空间发展权的价值转化渠道，以城乡建设用地指标为核心翘板，融合三类空间发展权的跨尺度交易网络，以耕地保障效益交易、建设用地指标交易、土地发展权交易、生态空间产品化交易等为基础，培育发展权的价值转化多元渠道。发展要素的多尺度流动网络与发展权配置网络密切相关，基于数字乡村建设和数字乡村治理，培育多元主体参与发展权配置的渠道。新时期，以新型农业经营主体、返乡创业者、乡村投资客等为代表的“新农人”，在信息技术支撑下完全有能力通过跨尺度流动网络推动乡村空间价值的变现。因此，鼓励多元主体参与空间发展权的协商与博弈，为乡村多元发展主体提供更多乡村事务参与权和发展决策权，将有利于疏通城乡空间发展权均衡配置的有机网络（图 4-4）。

4.4　多尺度乡村空间治理的县域实践

4.4.1　县域多尺度乡村空间治理的内在逻辑

县域是推进城乡融合发展的基本尺度与单元，理顺县域范围内多尺度乡村空间治理的逻辑将为探索多尺度乡村空间治理路径提供思路。首先，需要科学构建“全域、全要素、全类型”乡村空间治理目标和职能体系，针对乡村空间开发利用的现存问题，以问题和目标导向构建“分级、分区、分类”的乡村空间治理目标体系。其次，适应“减量化”发展、“高效化”利用、“生态化”保护的现实需求，明确开展乡村空间治理的目标体系，主要包括落实国土空间规划“三区三线”的约束性指标传导、构建“刚性约束”与“弹性引导”结合的管控策略、探索适应乡村振兴需求的管控体系、满足农村一二三产业融合发展的产业发展空间诉求、对接农村土地制度改革的衔接管控体系等。最后，需基于“全域、全产权、全价值”的链条体系，科学研判乡村空间治理的内在逻辑，完善基层国土空间治理体系。

国土空间规划通过多尺度乡村开发保护、用途管制，为国土空间用途管制提供依据。乡镇总体规划位于“五级三类”空间规划体系的最底层，乡村空间规划管制缺乏精细化、差异化管控，难以满足乡村管制需求。乡村国土空间用途管制分级逻辑框架需要在与“五级三类”国土空间规划体系实现联动的基础上，进一步深化乡村用途管制的管制体系和纵向传导体系。通过乡村国土空间用途分级管控明确管控要素的传导和管控规则的落实，进而实现乡村空间多尺度治理。

在分尺度体系下，镇域尺度是统筹县域乡村空间利用效率的前提，向上承接市县总体规划，保底线、优布局，落实“自上而下”的管控要求；向下引导村庄规划，根据发展需求优化村域空间布局，进一步明确包括永久基本农田、村镇建设等不同国土空间开发边界及其规模。村域尺度是实现乡村国土空间用途管制的关键，村庄规划作为详细规划，是用途管制、建设管控的审批依据，要根据村庄定位及其实际需要，编制实用性村庄规划。地块尺度是乡村空间用途管制落实的最小单元，在用途管制规则制定与监督审批过程中，应严格明确各类地块用地类型及转用规则。新时代国土空间规划应同步统筹好空间布局和项目地块使用的关系，处理好规划刚性与弹性的问题。从国土空间功能复合性出发，转变地类单一要素管控，推动乡村国土空间实现“全域、全要素、全类型”管制（图 4-5）。

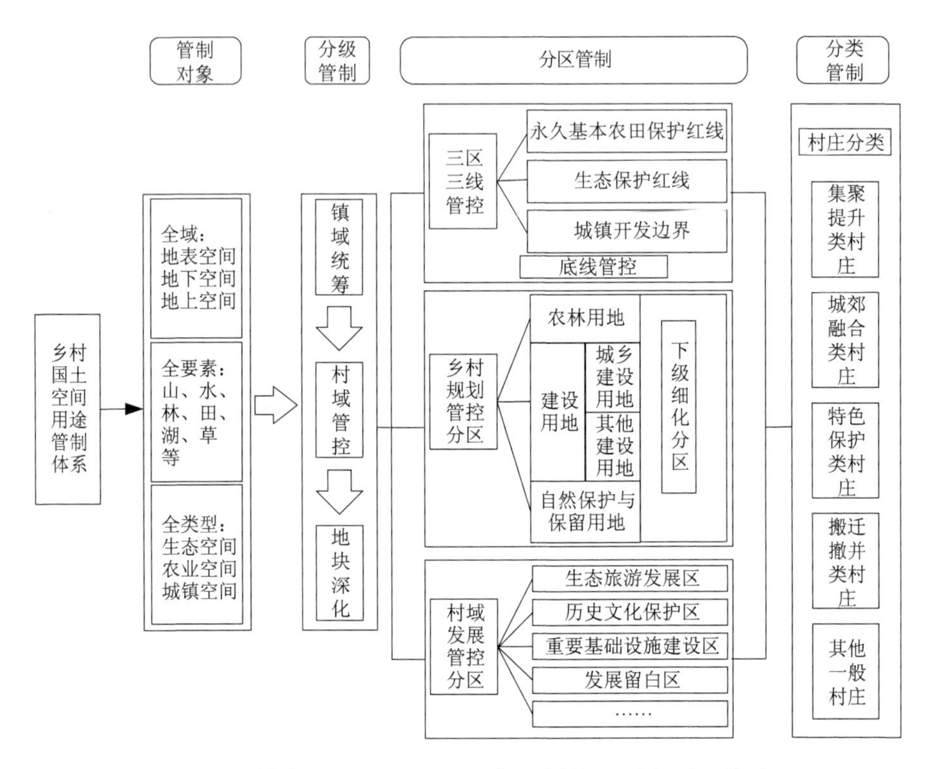

图 4-5　县域“分级、分区、分类”乡村国土空间治理体系

4.4.2　县域多尺度治理机制

分尺度理顺县域乡村空间治理机制，为建构分级传导与分区管制县域空间治理方案提供基础。从纵向尺度上来看，镇域是统筹乡村空间利用效率的前提，村域是实现乡村国土空间用途管制的关键，地块则是完善空间用途管制的保障。“自上而下”传递刚性管控指标和空间管制规划，实现乡村空间“结构性”管控和“要素类”传导，在镇域层面推动城乡融合的空间“一体化”管控。结合镇村布局规划，统筹用途管制体系衔接、统筹乡村法规建设为用途管制提供了法律依据，并统筹了村庄建设底线管控。村域是多规合一的最

基层的空间承载平台，也是促进多规合一的基层行政单元，把村庄规划、乡（镇）总体规划、镇村布局规划、特色田园乡村规划、生态保护规划等相关规划中所涉及的内容统一起来，落实到村域规划空间上，综合多个规划的发展目标和主题方向，从而详细安排空间布局和实施路径。地块尺度是乡村国土空间用途管制的最底层尺度，也是执行和落实“自上而下”传导的资源要素指标要求的层级。由于传统管制过程中“自上而下”传导的要素指标并未明确落实至具体空间，最终导致管制成效低等问题（图 4-6）。

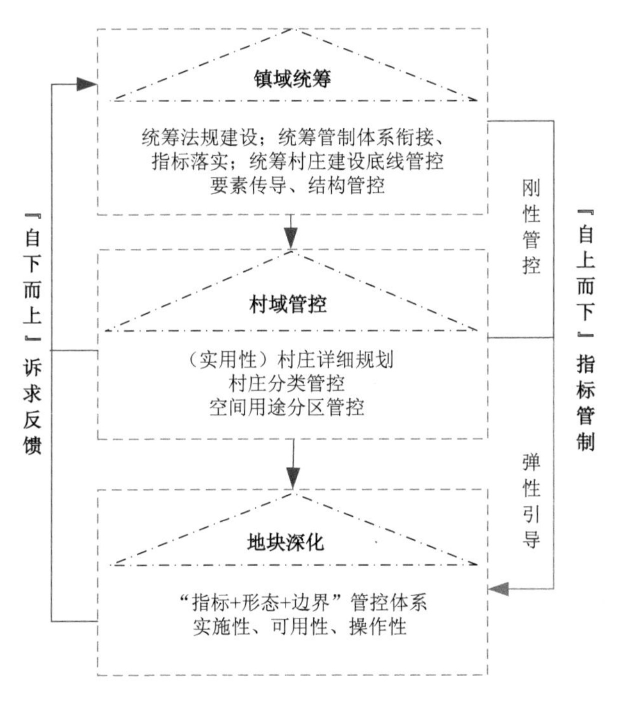

图 4-6　“镇域统筹-村域管控-地块深化”分级管制体系

（1）完善镇域乡村国土空间统筹管控体系。镇域统筹是乡村用途管制分级体系的首要前提。镇域统筹结合乡镇国土空间总体规划，深化镇村布局体系规划，落实刚性管控指标分解和“三线”划定成果，确定村庄发展分类与功能定位，实现乡村空间“结构性”管控和“要素类”传导。分类引导村庄风貌管控，合理布局公共服务设施和基础设施。细化留白空间管控策略，完善镇域机动建设用地指标高效利用方案，推动镇域乡村国土空间用途管制全覆盖，产业发展空间落地，保障农村一二三产业发展用地优先供给，推动城乡融合的空间“一体化”管控，形成“要素+功能+指标”的管控体系（图 4-6）。

（2）推动村域国土空间“全域覆盖、全要素管控、全类型深化”，完善村域尺度国土空间用途管制体系。落实村域生态保护红线、永久基本农田保护红线、村庄建设边界、历史文化保护控制线、重要基础设施廊道控制线及其他重要控制线的空间分布与坐标定位。通过土地整治（农用地整治、生态用地整治、建设用地整治）实现空间置换和集聚发展。强化公共空间（四荒地、闲置地、空废地、公共用地）治理，推动公共空间管控路径和政策创新。深化农业空间分类，拓展设施农用地和种养殖用地配置潜力。优化“农、林、水”等一般生态空间管控策略，强化一般生态空间开发准入规则，开发空间价值。细化村庄建设引导和管控规则，明确住房建设、设施配给、功能完善、风貌引导的管控要求。引入村民参与、强化多元主体介入，深化“弹性引导”的分区和用途管控，预留留白空间，突出“自下而上”用途管制的衔接。（图 4-6）。

（3）重点地块开展用途管制深化，突出风貌引导和景观设计；强化居民参与，突出发展弹性引导。深化乡村地块尺度用途管制内容，针对居民集中居住区开展地块图则管控，强化指标落实和边界管控，突出建筑风貌设计引导，强化重要景观节点和公共空间地块设计。在乡村用途管制体系下，地块尺度是管制规则和手段落实的直接层级，地块尺度用途管制突出实施性、可用性、操作性，重点强化用途管制的指标深化、内容细化和结构优化，突出点位管控，强化点状供地，适应产业发展空间诉求。地块尺度上深化空间产权分配、空间价值实现方式、组织参与模式，进而强化弹性引导的管控策略，形成“指标+形态+边界”管控体系（图 4-6）。

4.4.3　县域空间治理分级传导管制

随着乡村国土空间用途管制的演进，其关注重点也从农业、生态等局部要素转向“全域、全要素、全类型”的乡村国土空间用途管制目标。针对目前乡村国土空间用途管制中暴露出的规划缺位、耕地保护压力陡增、基础设施与公共服务严重短缺等现实问题与发展困境，面向乡村振兴、城乡融合高质量发展等现实发展诉求，从“分级-分区-分类”的视角出发，构建乡村国土空间用途“三分”管制策略体系。从策略逻辑上讲，在纵向上剖析“自上而下”的要素传导路径与传导内容，将上位规划的数量规模等指标要求从“镇域-村域-地块”三级尺度逐级分解细化落实，在此基础上以分区视角将乡村国土空间划分为农业空间、城镇空间与生态空间，进一步细化乡村国土空间用途管制；在横向上，依据镇村布局规划确定的自然村庄分类结果，可将村庄划分为“集聚提升类村庄”“特色保护类村庄”“城郊融合类村庄”“搬迁撤并类村庄”“其他一般村庄”五种类型，针对不同类型村庄的特色与现实发展需求提出因事为制的管控策略，实现差异化管制以强化策略的可操作性。总体上，通过构建乡村国土空间用途“三分”管制策略体系，对如何实现构建“刚柔并济、上下结合”的管控策略、明晰要素传导路径与传导内容等一系列具体目标提出相应的策略。

依据镇、村、地块三级尺度，按照“逐级分解、要素传导、分类管控、分区细化”的思路与原则，确定了“结构统筹-单元管控-地块深化”的不同层级管控内容。镇域尺度为结构统筹，承接省、市、县上位规划要求内容，基于土地发展权理论的管制思路和不同类型村庄差异化管控的现实需求，明确各村庄的特征与类型，在承接上位管控与规划中的资源底线要求的基础上，统筹并合理分配管控空间要素指标，引导村庄各类用地合理布局，初步将空间形态要求落实到数量指标上。村域尺度为单元管控，通过整合各类专项规划的用地需求，在三类空间的基础上进一步细化乡村国土空间用途单元，明确各单元承载的用地指标，实行“刚性管控+弹性引导”的管控手段，将各类控制线的管控需求落到实处，保障乡村国土空间用途管制的有效实施。地块尺度为深化要素管控，进一步明确各地块用途，通过村庄规划将各项管控要素落实到地块图斑中，突出乡村风貌建设引导管控，强化乡村国土空间用途管制的可操作性。

参 考 文 献

陈旻, 闾国年, 周成虎, 等. 2021. 面向新时代地理学特征研究的地理建模与模拟系统发展及构建思考[J]. 中国科学: 地球科学, 51(10): 1664-1680.

樊杰. 2018. “人地关系地域系统”是综合研究地理格局形成与演变规律的理论基石[J]. 地理学报, 73(4): 597-607.

樊杰, 周侃, 盛科荣, 等. 2023. 中国陆域综合功能区及其划分方案研究[J]. 中国科学: 地球科学, 53(2): 236-255.

方创琳, 刘海猛, 罗奎, 等. 2017. 中国人文地理综合区划[J]. 地理学报, 72(2): 179-196.
傅伯杰. 2014. 地理学综合研究的途径与方法: 格局与过程耦合[J]. 地理学报, 69(8): 1052-1059.
戈大专. 2023. 新时代中国乡村空间特征及其多尺度治理[J]. 地理学报, 78(8): 1849-1868.
戈大专, 龙花楼. 2020. 论乡村空间治理与城乡融合发展[J]. 地理学报, 75(6): 1272-1286.
郝庆, 彭建, 魏冶, 等. 2021. "国土空间"内涵辨析与国土空间规划编制建议[J]. 自然资源学报, 36(9): 2219-2247.
李双成, 张文彬, 陈立英, 等. 2022. 孪生空间及其应用——兼论地理研究空间的重构[J]. 地理学报, 77(3): 507-517.
刘彦随. 2018. 中国新时代城乡融合与乡村振兴[J]. 地理学报, 73(4): 637-650.
龙花楼, 屠爽爽. 2017. 论乡村重构[J]. 地理学报, 72(4): 563-576.
闾国年, 周成虎, 林珲, 等. 2021. 地理综合研究方法的发展与思考[J]. 科学通报, 66(20): 2542-2554.
彭建, 杜悦悦, 刘焱序, 等. 2017. 从自然区划、土地变化到景观服务: 发展中的中国综合自然地理学[J]. 地理研究, 36(10): 1819-1833.
乔家君, 马玉玲. 2016. 城乡界面动态模型研究[J]. 地理研究, 35(12): 2283-2297.
宋长青, 程昌秀, 史培军. 2018. 新时代地理复杂性的内涵[J]. 地理学报, 73(7): 1204-1213.
宋长青, 张国友, 程昌秀, 等. 2020. 论地理学的特性与基本问题[J]. 地理科学, 40(1): 6-11.
唐承丽, 贺艳华, 周国华, 等. 2014. 基于生活质量导向的乡村聚落空间优化研究[J]. 地理学报, 69(10): 1459-1472.
吴传钧. 1991. 论地理学的研究核心: 人地关系地域系统[J]. 经济地理, 11(3): 1-6.
席广亮, 甄峰, 钱欣彤. 2022. 流动性视角下的国土空间安全及规划应对策略[J]. 自然资源学报, 37(8): 1935-1945.
叶超, 于洁, 张清源, 等. 2021. 从治理到城乡治理: 国际前沿、发展态势与中国路径[J]. 地理科学进展, 40(1): 15-27.
岳文泽, 王田雨. 2019. 中国国土空间用途管制的基础性问题思考[J]. 中国土地科学, 33(8): 8-15.
He S J, Zhang Y S. 2022. Reconceptualising the rural through planetary thinking: A field experiment of sustainable approaches to rural revitalisation in China[J]. Journal of Rural Studies, 96: 42-52.
Li Y, Westlund H, Liu Y. 2019. Why some rural areas decline while some others not: An overview of rural evolution in the world[J]. Journal of Rural Studies, 68: 135-143.
Tiebout C M. 1956. A pure theory of local expenditures[J]. Journal of Political Economy, 64(5): 416-424.

第 5 章　乡村空间治理与国土空间规划

“城乡分治”的国土空间管控体系和“传导受阻”的乡村空间用途管制体系，导致乡村空间多功能性被弱化、价值实现渠道受阻、城乡空间价值分配不均，科学建构乡村空间治理体系为国土空间规划落实、城乡融合发展提供了破题思路。本章基于国土空间规划实施困境，从优化城乡国土空间结构功能体系、创新城乡国土空间用途管制体系、深化城乡国土空间统筹治理体系等视角探索了国土空间规划落实城乡融合发展的可行路径，梳理了国土空间规划体系，推进了多规融合，细化了国土空间用途管制，提炼了乡村善治和生态治理的有效方案。

5.1　基于国土空间规划的乡村空间治理逻辑

以“自上而下”为核心特征的国土空间规划是新一轮城乡空间博弈和城乡关系演化的重要力量，决定了乡村发展的空间权利和潜力。乡村空间治理是推动地域功能和结构体系完善的重要工具，有利于提升地域资源环境承载力。乡村空间治理过程为有效推动国土空间用途管制（“三区”划定：生态空间、农业空间和城镇空间）和约束机制（“三线”划定：生态保护红线、永久基本农田保护红线、城镇开发边界线）的落实创造了条件。以新一轮国土空间规划为契机推动乡村空间治理，有利于强化乡村空间在整个国土空间中的战略定位，推动城乡空间统筹施策的体系构建，为突破长期以来被动接受资源供给的局面创造机遇。由此可知，乡村空间治理已成为统筹城乡融合发展的重要桥梁。

5.1.1　乡村空间治理与国土空间规划的内在关系

国土空间规划以全域国土空间的统筹、协调、一致性开发与保护为规划准则，强调空间规划的多级传导和“多规合一”（林坚等，2019），利用一张底图绘就空间蓝图，进一步强化政府在空间管控层面的权力延伸，试图逆转空间规划不统一、空间开发格局不连续、空间利用难持续等现实难题。乡村空间治理从底层空间治理入手，着手打破全域空间开发过程中出现的权属纠缠、权利混乱、组织松散、效率低下等问题。乡村空间治理瞄准乡村空间地域结构和功能的不合理状态，将推进城乡地域的融合发展、空间一体化、精细化管控作为核心目标，为打通城乡空间一体化管控提供渠道。乡村空间治理过程中强化多元主体自发组织机制的培育，强调空间权利的有序分配，注重动态群体在空间治理中的利益博弈与协调机制的构建。以上分析表明，乡村空间治理作为国土空间治理的一部分，既是国土空间规划对乡村空间管控的核心目标，也是推进和完善“自上而下”和“自下而上”相结合治理逻辑的重要突破口。

乡村空间综合治理“自上而下”的传导和“自下而上”的回溯过程，尤其关注多元主体参与乡村空间治理的机制、效应和路径的培育，把空间权利分配与空间均衡博弈作为激发多元主体参与空间治理的重要依据。国土空间规划在谋求“央地关系”协调的过程中，强化国土空间开发权利的分配机制、生态福利的共享机制、公共基础服务的配给机制、城乡关系的融合机制。各级政府间国土空间规划事权划分方案是空间用途管制“自上而下”传导的关键环节，乡村空间治理将“政府力”“市场力”“社会力”的统筹作为核心目标，从体制机制上为完善国土空间规划事权体系提供解决方案。因此，本章从完善国土空间规划体系、推进“多规合一”实施、细化国土空间用途管制三个层面，解析乡村空间治理作用于国土空间规划的内在机制。

乡村空间治理成为深化国土空间治理体系的重要组成部分，为完善国土空间规划体系提供基础。“自上而下”多级传导的“五级三类”国土空间规划体系，将国家空间管控意志以不同方式逐级向下传递，构成了国土空间开发与利用的层级管理模式。国土空间规划理想初衷是“一竿子插到底”对全域空间进行有效管控。但不可否认，规划传导层级越多，空间管控的效力和效率越低。国土空间用途管制最终将落实到具体的微观地块上，虽涉及多方的利益纠缠（Wu，2017），但难以在“自上而下”多级规划指标传导中得以反馈，进一步削弱了国土空间管控的效果。乡村空间治理为完善县级及以下国土空间的合理安排提供了可能，尤其为乡镇以下村级和地块尺度的乡村空间合理开发与管控创造了条件（陈小卉和闾海，2021）。村域尺度和地块尺度的综合治理，将有效强化底层空间管控的有效性和可操作性，为衔接“自上而下”多级传导的空间管控目标提供纽带。地块尺度针对乡村空间的精细化治理，将进一步完善国土空间规划底图数据，尤其是对空间权属分配、权利体系管控、用途功能完善等内容的治理，已经超出了第三次国土调查数据的内涵体系。村域尺度关于空间组织关系的重组、群体自组织模式的梳理、空间用途管制目标的落实等治理内容，成为衔接国土空间规划指标传递的关键环节（图 5-1）。

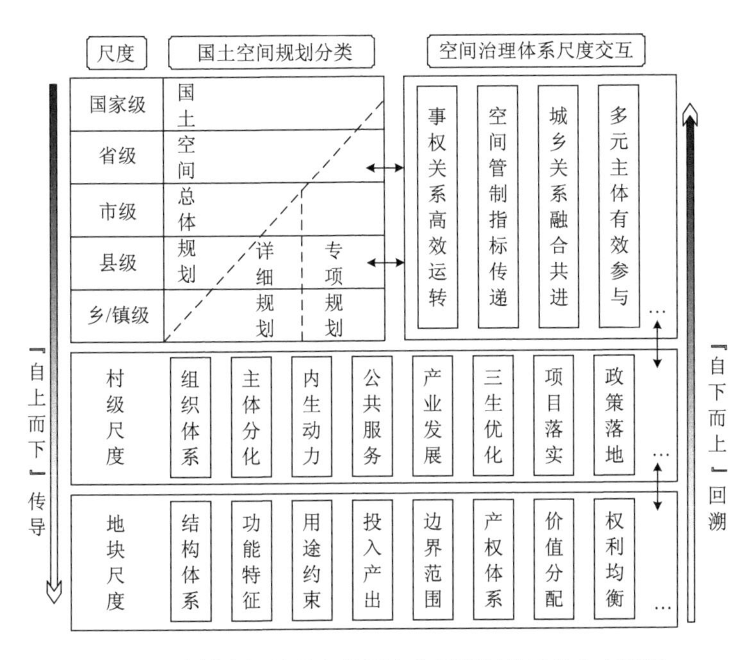

图 5-1　乡村空间治理完善国土空间规划体系的内在逻辑

乡村空间治理有利于强化国土空间规划的“公共政策”属性，拓展多元主体参与规划的对话渠道。乡村空间“物质-权属-组织”治理为沟通国土空间治理体系中政府管制力、社会参与力和市场调节力之间的关系提供有效路径。乡村空间治理强调“自上而下”和“自下而上”相结合的空间治理逻辑，凸显了乡村空间的公共价值属性，为吸引多元主体参与国土空间规划提供广阔渠道。以“政府力”“市场力”“社会力”等为代表的多元力量构成了乡村空间治理的核心主体（Frisvoll，2012；刘云刚等，2020），为推进多元协同和多重目标的国土空间规划提供保障。乡村空间治理以物质空间治理为基础，将空间组织和空间权属治理作为不可或缺的组成部分，有利于提升乡村空间的综合价值，推动资源向资产和资本的转变，实现乡村空间价值为乡村居民所共享的初衷，打破了当前空间开发价值分配城乡间的异化格局。

5.1.2 国土空间开发推进城乡融合发展的现实困境

城乡发展的国土空间载体结构紊乱阻碍了城乡关系的疏解。现阶段，城乡融合发展的国土空间载体缺乏远景谋划，制约了国土空间规划支撑城乡有序转型的现实能力和潜力。城乡空间网络体系不完善导致城乡空间割裂进一步加剧，限制了区域城乡空间的融合与统筹。此外，差异化的城乡空间管控体系，进一步阻碍了城乡空间的融合进程，并强化了空间用途管制的城市价值取向，乡村空间管控与限制力度进一步加强，乡村空间开发利用潜力与活力可能被削弱，城乡融合发展的空间支撑载体并未得到有效确认。城乡空间体系动态远景谋划不足与多尺度协调机制紊乱使得城乡融合发展的空间支撑持续性不足。当前，城镇体系对城乡空间远景布局弹性空间不够，城乡空间边界的动态调整机制不完善。此外，城乡空间多尺度结构体系缺乏协调机制，难以应对城乡发展的尺度差异和空间异质性。空间开发与管控的“中央-地方”博弈过程中，多尺度城乡空间结构的科学体系并未得到足够重视。

多尺度交互的空间网络不畅通限制了城乡发展要素的高效流通。城乡发展要素有序流通与公共服务一体化配置是完善城乡多尺度交互的前提，也是保障城乡有序转型的无形推手。然而，城乡空间差异化治理体制已成为新时期阻碍城乡共治、抑制城乡发展要素高效流动的制度屏障。“自上而下”的空间管控传导在对落实国家底线安全做出突出贡献的同时，由于“自下而上”反馈机制的不畅通，城乡发展要素自由流动的潜力和动力可能被抑制，进而带来乡村发展的要素短缺，乡村非正规用地欲望进一步抬头。城乡空间规划事权划分与治理不明晰，不能有效完善城乡公共服务网络体系。此外，城乡市场链接体系和产业联动体系的空间载体不匹配，资本、劳动力、技术等城乡市场发展的核心要素难以在城乡市场衔接网络中高效运转。乡村空间开发与运营难以适应乡村产业用地的灵活性、乡村空间用途的复合性、乡村空间管控的强弹性的诉求，不适应乡村产业发展的现实需要，难以支撑乡村产业发展长远目标的实现。

空间多元价值实现渠道受阻抑制了城乡价值的有序交换。城乡空间发展权的不均衡配置，阻碍了空间多元价值的交换，成为限制城乡深度融合的核心障碍之一。以生产性价值为核心导向的自然资源价值评价体系难以适应城乡深度融合的需求，国土空间的多元价值认知体系、评价技术、实现渠道尚未得到有效关注。国土空间产权体系不健全进一步阻碍了自然资源资产化和资本化的道路，自然资源主体不明确、产权不明晰、交易不明朗，直接导致城乡空间价值流动渠道不畅通，多元价值培育难以形成社会共识。城乡空间已经形成固化的价值传导链、市场供应链、主体参与链，进而塑造了城乡空间的价值分配链。城乡空间价值因差异化、市场化轨道的割裂加深，甚至发展成为城乡二元发展的核心问题。城乡空间差异化的所有权制度及其实现方式，逐渐成为塑造城乡空间价值异化的制度障碍。乡村空间集体化组织方式和模式创新、乡村集体所有的自然资源资产管理的制度化和法律化、精英化集体组织成员同现代乡村经营主体的培育等治理体系仍待完善。

国土空间规划与城乡融合发展在措施手段的相关性和目标体系的对应性等方面搭建了衔接逻辑。国土空间规划以国土空间的开发保护为纲领，形成对国土空间“要素-区域”的布局与动态优化，实现国土空间的综合管控，服务国家空间治理现代化的目标。因此，国土空间规划体系是空间开发战略落实的载体，也是生态保护与修复战略落实的具体体现，寻求全域、全要素、全过程的一体化治理方案。从安全底线思维出发，建构面向生态文明的空间布局方案，形成多层级联动的空间管控体系，破解多部门空间规划相互掣肘的现实困境。城乡融合发展从破解城乡中国二元发展轨道的现实逻辑出发，需要建构城乡联动、城乡互动、城乡协同的发展性规划愿景。乡村发展不充分、城乡发展不协调、发展要素难流通、乡村价值被弱化等，正是城乡融合发展亟须破解的现实问题。因此，国土空间规划是推动城乡融合发展落地的空间载体，国土空间规划的管控与传统逻辑也是确立空间发展权配置和发展要素流通的关键措施，面向城乡高质量有序发展的共同目标是国土空间规划与城乡融合发展的衔接基础。

国土空间规划与城乡融合发展的空间一致性和实施效应互动性决定了二者的深度衔接具有现实的可行性。当前，国土空间开发与城乡融合发展进程呈现出的现实困境，与二者衔接体系不畅通、互动关系不明确紧密相关。国土空间规划对空间资源的配置作用与多层级管控逻辑决定了城乡发展要素的流动趋势，使得城乡发展体制机制障碍与国土空间规划密切相关。国土空间规划决定了国土资源发展权的初次配置格局和城乡空间发展权转移的趋势，在一定程度上国土空间规划及其实施策略决定了城乡融合发展的进程。因此，建构面向城乡融合发展的国土空间规划目标和实施路径，需从国土空间治理顶层设计出发，打破城乡分治的制度障碍，进而服务于城乡的高质量发展。

5.2 乡村空间治理作用于国土空间规划的机制

5.2.1 推进“多规合一”落实

空间类规划难以有效落实到乡村空间上，成为乡村空间治理混乱的重要诱因。长期以来，空间类规划对乡村空间开发与保护的关注度不够。从1993年国务院颁布的《村庄和集镇规划建设管理条例》到2008年正式颁布的《中华人民共和国城乡规划法》，乡村规划长期游离在主流空间规划视线以外。城乡规划针对乡村空间难以起到具体的统领作用，而实用主义的乡村建设规划在乡村空间改造中兴起。2003年以来，国家对乡村发展的关注不断增强，以新农村建设为代表的“乡建运动”在一定程度上开启了21世纪乡村空间开发的浪潮（陈前虎等，2019）。纵观乡村空间的治理历程发现，乡村类空间规划缺乏有效的落地抓手，难以对分散的、底层的、复合的乡村空间开展科学的空间管控（刘彦随，2020；彭建等，2020）。国土空间规划的核心目标之一就是对全域国土进行统一的空间安排、确立统一的空间开发与保护策略。当前，乡村空间开发与利用的不合理状态成为“多规合一”国土空间规划需要突破的重要屏障。乡村空间综合治理迎合现实需求将在推进乡村多规融合层面提供战略抓手。

乡村空间治理推进“多规合一”的核心价值体现在通过“物质-权属-组织”综合治理，重构了空间结构，重组了空间关系，重塑了空间权属体系，进而有利于培育乡村自组织机制的建立，协调多元主体权益关系，强化空间管控“刚性约束”和“弹性引导”的有机结合，为落实“多规合一”提供组织基础和物质保障。“多规合一”乡村空间规划体系重点需要明确空间治理主体的地位（林坚等，2019；朱喜钢等，2019），通过多元主体利益协调，调动主体参与的积极性，进而落实空间发展目标（图 5-2）。乡村空间“物质-权属-组织”治理有利于完善空间价值分配机制，从空间权属和组织入手，强化空间增值分配的公益性，在明晰空间价值归属的情况下确认价值流向。乡村空间综合治理突破了重物质空间治理而轻非物质空间治理的弊端，强调乡村空间全域、全要素、全产权、全价值的治理路径，正契合了“多规合一”空间统一管控的规划目标。

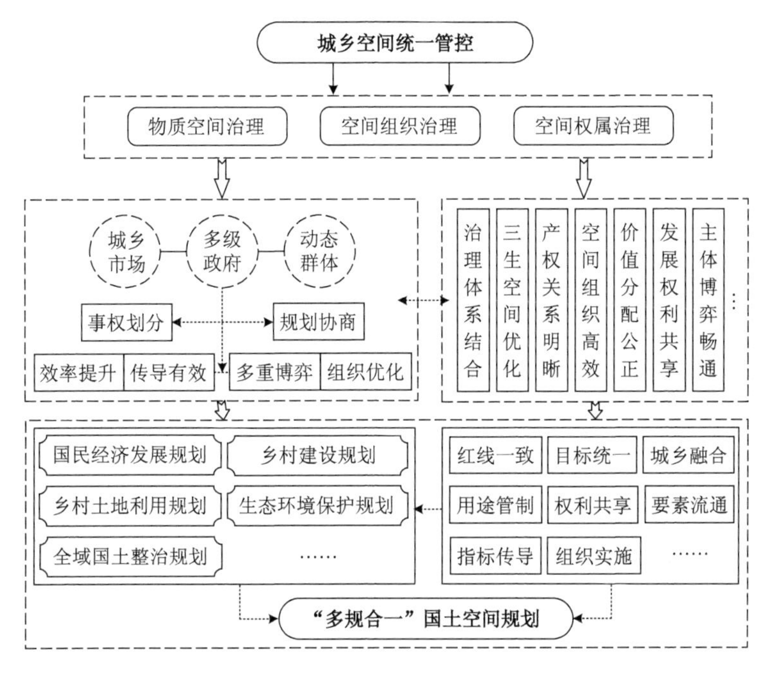

图 5-2　乡村空间治理推动“多规合一”作用机制

“自上而下”和“自下而上”相结合的乡村空间治理体系，为“多规合一”目标落实创造条件。乡村空间治理从地块尺度回溯对接空间规划管控要求，从技术层面强化了乡村空间统一管控的力度和强度，增强了乡村空间统一管控的可行性和有效性。乡村物质空间治理解决“多规合一”所需的物质基础，而空间权属和组织治理优化“多规合一”的落实方案。通过空间治理，多级政府事权体系更明晰，城乡市场互通运转更有效，多元主体参与空间规划的机制更完善，这将有助于“多规合一”空间治理体系的落实。以乡村空间综合治理为切入点，推进乡村空间专项规划，具有实践的可操作性和“自下而上”对接的灵活性。因此，乡村空间治理瞄准国土空间统一管控的现实需求，从多种治理手段、多元主体参与、多重价值共享等方面，为落实“多规合一”的空间管控目标提供衔接路径。

5.2.2 细化国土空间用途管制

新时期国土空间分区管控划分方案进一步强化了城市空间的边界，也进一步模糊了乡村空间的范围。本书中研究的乡村空间与国土空间规划分区中界定的农业农村发展区存在一定的差异，后者重点强化了农业的生产空间和农民的居住空间，而忽视了城乡地域系统的连接作用（彭建等，2020）。县域范围内，以镇区（乡镇驻地、集镇、小城镇等）为代表的城镇建设区起到了连接城乡的桥梁作用，在城-镇-村聚落体系中呈现出被乡村景观包围的特征。根据《市级国土空间总体规划编制指南（试行）》，村庄建设区被划入乡村发展区，农业农村优先发展战略在国土空间规划实施中并未得到足够的重视。仅仅依靠在村域尺度开展村庄详细规划，难以从体制上扭转乡村发展的衰退趋势（刘彦随，2018）。优化国土空间开发格局与细化国土空间用途管制，应将乡村发展诉求涵盖进来，并在地块尺度土地利用用途管制中得以落实，推动城乡统一的国土空间管控目标和乡村善治目标的实现。

乡村空间“物质-权属-组织”综合治理是针对乡村空间进行的精细化治理过程，为落实和细化国土空间用途管制提供战略抓手。国土空间分类引导和用地管控是推进空间管控的核心技术路线，在空间落地过程中掌握好刚性约束与弹性引导，对于关系复杂和功能复合的乡村空间的持续开发具有重要意义。乡村空间治理细化国土空间用途管制机制在明晰土地权属和组织关系的情况下，突出国土空间利用价值的最大化、层级传导的高效化、空间权利分配的公正化、多元主体博弈的有效化，为落实空间用途管制指标、明确土地利用主导方向、完善用途管制监督机制提供保障（图 5-3）。基于国土空间规划用途分类的一级地类，乡村空间治理针对农用地、乡村建设用地、其他不合理用地的空间治理行为，有利于细化乡村空间用途管制（龙花楼，2015）。

在乡村空间治理细化国土空间用途管制策略中，强化底线和实践思维有利于加强乡村微观空间的管控。以耕地为例，通过物质空间治理改善耕地零散化、低效化的利用状态，耕地权属和组织治理重点是优化耕地的经济价值体系和生产运行模式（Ge et al.，2019）。通过空间综合治理，永久基本农田保护红线划定的科学性更加充分，坚守耕地红线的约束机制更健全。精细化耕地用途管制使得耕地保护政策落实更有效，耕地用途管制更具可操作性，耕地利用组织程度更高，为约束不合理耕地利用行为创造条件。乡村建设用

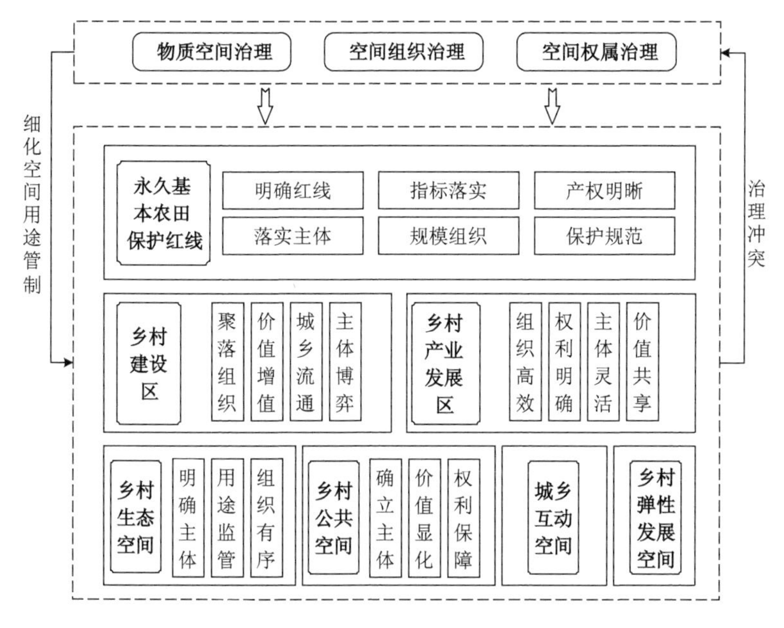

图 5-3　乡村空间治理细化国土空间用途管制机制

地治理为细化建设用地管制、挖掘乡村空间开发潜力提供可能。以乡村公共空间治理为代表，在新一轮国土空间用途管制分类中，乡村公共空间仍难以被确认下来（少量公共服务设施在第三次国土调查中被识别），这将导致乡村公共空间管控难度加大。乡村公共空间治理，从权属和组织治理出发，在物质空间难以分割和划分的情况下，通过赋予公共空间价值属性，推动公共空间产权关系治理，挖掘公共空间增值共享分配机制，协调多元主体参与乡村公共空间治理，进而强化乡村公共空间管控的群众基础，有效推进乡村公共空间的用途管制（图 5-3）。

乡村空间治理激发多元主体参与空间治理的内在机制与国土空间用途管制运行逻辑密切相关。乡村国土空间详细规划落实“约束指标+分区准入”的管控策略，不能脱离乡村多元主体的参与，乡村空间管控难度大与多元主体博弈的监督缺位有密切关系。乡村空间综合治理在重构基础组织和监督机制层面能够起到较好的作用，为落实国土空间用途管制提供广泛的基础。对于国土空间用途管制中的城镇发展区、农业与农村发展区和生态保护区，均需要赋予相应比例的三生空间（邓红蒂等，2020；彭建等，2020）。乡村空间综合治理在推进乡村善治和生态治理上具有重要作用，乡村物质空间治理改善三生空间结构，空间权属治理细分用地隐性价值关系，丰富乡村空间价值体系（尤其是生态价值），明确了乡村生态空间用途管制策略，从体制和机制建设上加强乡村生态空间的保护，防止有限生态空间被侵占和污损，进而满足乡村生态空间统筹管控和生态修复的需求。

5.2.3 完善实用性村庄规划

实用性村庄规划为乡村空间治理作用于国土空间规划提供具体路径。《中央农办 农业农村部 自然资源部 国家发展改革委 财政部关于统筹推进村庄规划工作的意见》（农规发〔2019〕1 号），要求切实提高村庄规划工作重要性的认识，推动各类规划在村域层面“多规合一”。《自然资源部办公厅关于加强村庄规划促进乡村振兴的通知》（自然资办发〔2019〕35 号）要求编制“多规合一”的实用性村庄规划。村庄规划作为乡村地区的详细规划，是整合原村庄规划、村庄建设规划、村土地利用规划、土地整治规划等形成的“多规合一”法定规划，其核心是要明确乡村的发展目标、用地空间布局、国土空间用途管制、耕地和永久基本农田保护、公共服务设施规划、道路交通规划 6 项基本内容（孙莹，2018）。长期以来，乡村空间用地布局分散、利用效率低、价值难显化、多功能被弱化等现实困境正是各类涉村规划难以有效实施的直接原因（陈前虎等，2019）。以上问题同国土空间治理体系在基层缺乏有效战略抓手，难以激发“自下而上”空间治理潜力，无法调动多元主体参与权力博弈有重要关系。乡村空间治理建构“自上而下”和“自下而上”相结合的治理体系，正迎合了乡村治理的现实需求，从乡村空间“物质-权属-组织”综合治理推进“多规合一”规划和细化国土空间用途管制入手，将为实用性村庄规划的编制和落实提供有效路径。

乡村空间治理“自上而下”和“自下而上”结合的动员和行动策略，为推进村庄规划提供空间基础、经济支撑、组织保障，也为回答实用性村庄规划“为谁规划、谁来规划、怎么规划、如何使用”等问题提供参考。实用性村庄规划的目标应落脚到为农户发展提供综合支撑上来，须跳出“城市精英运作”的模式，将农业、农村和农民跨越式发展作为核心目标加以强化。村庄规划若仍盯着农民仅有的空间资源，将难以调动积极性，没有农户广泛参与的村庄规划，也同样难以成为实用性和可用性规划。乡村空间治理强调多元主体的有效参与，强化空间关系组织，这为落实“可参与式”和“以人为本”的村庄规划创造了条件（申明锐，2020）。村庄规划应强化公益属性，乡村空间治理优化多元主体博弈机制的落实过程，强调以规划与协商解决乡村空间开发问题，为突破现有乡村规划难题提供解决方案。

推动落实“多规合一”实用性村庄规划，将成为乡村空间治理作用于国土空间规划的重要突破。“多规合一”实用性村庄规划是针对空间用途管制和乡村发展建设而开展的综合性乡村规划。乡村空间治理推动国土空间规划实现“多规合一”，并在乡村规划层面得以强化并落实。乡村空间“物质-权属-组织”治理推动乡村物质空间改造，由零散到集聚，提升乡村空间的利用效率和结构功能特征；重塑空间利益关系，推进乡村空间权益关系由模糊转向清晰；重建乡村组织体系，促成乡村组织模式由松散到集聚的转变，为搭建乡村新型合作组织创造条件。通过乡村空间综合治理，落实多元主体参与乡村规划的渠道、机制和动力，是推动建立“多规合一”实用性村庄规划的坚实保障，为推进“以人为本”的规划实践创造条件。

5.3　国土空间规划支撑城乡融合发展

5.3.1　多目标国土空间规划与城乡融合发展

统筹协调经济发展、社会公平与生态保护三者之间的关系是保障城乡关系持续向好转型的关键环节。城乡关系问题与国家现代化过程中的城乡发展政策密切相关。因此，面向高质量发展也应从城乡发展视角寻找突破口，“不发展型增长”“不发展型保护”“不发展型施策”均难以真正起到立竿见影的效果。中国的城乡问题因发展而生，也将在发展中得以缓解。现阶段国土空间规划应以保障“发展”为核心导向，以保障实现现代化为根本目标。“发展才是硬道理”在迈向第二个百年奋斗目标的社会主义初级阶段仍然具有现实意义。国土空间规划促进“发展转向”可作为支撑城乡融合发展的重要手段，变“低质低效发展”为“高质高效发展”，变“无序失衡发展”为“有序均衡发展”，变“短视脆弱发展”为“持续韧性发展”。唯有高质量发展才能应对“百年未有之大变局”，服务于中国式现代化道路建设。中国刚解决绝对贫困问题，乡村发展任重而道远，乡村内生发展动力不足，乡村持续性发展基础不牢，农业生产现代化、农民生计体面化、农村生活便利化、城乡服务均等化均面临重大现实挑战（张英男等，2019）。现阶段，解决城镇化质量不高、工业化层次较低、农业现代化水平待提升等问题，需要在发展上找到突破口。国土空间规划应以破解国家发展的核心问题为目标，为创新发展提供空间与机遇，为重塑城乡发展格局提供战略保障。

国土空间规划体系中城乡空间权利公平配置需要在体制机制上找到突破口。城乡空间差异化用途管制体系决定了城乡空间发展权初次配置存在显著的差异。以城乡建设用地差异化所有权实现方式为例，城市国有土地市场配置机制已逐步完善，而乡村建设用地仍处于集体所有的供给配置状态，城乡割裂的建设用地管控模式和用途管制体系直接导致空间价值的巨量差异（郭杰等，2020）。乡村公共服务供给的长期短缺已然成为当前城乡发展公平的重要障碍，教育和医疗等公共资源配置的城乡差异进一步导致城乡发展差异的代际传递。城乡空间价值市场配置现状成为乡村空间价值实现的重要障碍，乡村市场发育程度低，乡村产品销售网络组织程度低，进一步固化了城乡发展的不公平（戈大专和陆玉麒，2021）。面向城乡发展权利的公平配置，激发乡村空间潜在价值，突破城乡市场网络的阻隔，破解城乡空间发展权初次分配的制度缺陷，进而建构城乡公平发展的空间管控体系。

面向高质量发展，生态友好型城乡关系构建既是国土空间规划亟须落实的目标，也是推进乡村优先发展的重要保障。建设生态友好型城乡公平发展的渠道，将是打破城乡发展困境的有效路径，为重塑城乡空间价值创造条件（林坚等，2019）。乡村空间作为生态型自然资源富集区，为平衡生态系统做出突出贡献，科学核算城乡空间生态价值为生态产品的价值交换与交易创造条件。新一轮国土空间规划“三区三线”划定，从底线视角出发建构生态空间安全格局体系，有效支撑了城乡空间生态网络。

生态文明是建构城乡关系的远期根基，城乡空间权利公平配置是城乡关系优化的中期基础，高效优质发展是统筹城乡关系的近期条件。处理好“经济发展”“社会公平”“生态保护”的时序进程和逻辑关系，有利于明确城乡融合发展的阶段目标和工作重点（图 5-4）。通过国土空间规划开辟乡村发展的新增长点，完善农村公共服务配套，改善农民生产生活条件，全面推进农业现代化，将乡村持续良性发展始终作为现阶段解决“三农”问题的核心工作，有助于摆脱运动式乡村治理带来的潜在危机。国土空间规划在明确空间开发用途管制的基础上，统一自然资源开发与保护，协调空间开发时序与发展权公平配置关系，统筹自然资源收益分配体系，有利于挖掘乡村空间价值增值的潜在手段和实现方案，进而推进城乡空间公平发展（张京祥和夏天慈，2019）。以城乡空间生态价值核算为基础，探索城乡空间发展权配置与交易体系，明确乡村生态空间价值的归属和分配方案，进而落实城乡生态文明建设的现实目标（戈大专和龙花楼，2020）。

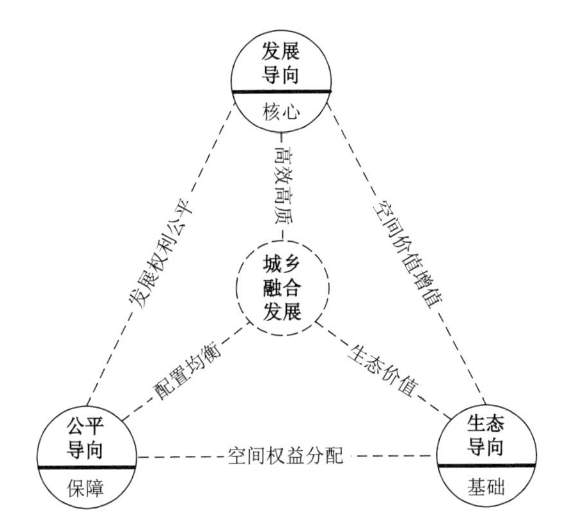

图 5-4　多目标导向国土空间规划与城乡融合发展内在关系

5.3.2　创新国土空间规划推动城乡融合发展机制

国土空间规划作为“发展性”和“管控性”相结合的综合性规划，明确了国土空间管控的事权体系和监管主体，推动了城乡空间刚性管控与弹性引导相结合。落实多目标国土空间规划有利于城乡发展要素的有序流通。乡村发展要素流失、空间结构紊乱和功能衰退是城乡地域系统动态变化的阶段状态（Ge et al.，2020），城乡融合发展需要破解的难题多与乡村空间承载的社会经济状态和权属关系组织密切相关（龙花楼和屠爽爽，2017）。国土空间规划立足于地域承载能力动态配置国土空间，以“三区三线”要素类管控为抓手强化空间地域功能的分区管制，利用“一张图”突出底图底数统一，提升国土空间数字治理能力（张京祥和夏天慈，2019）。城乡发展要素自由和高效流通是保障城乡融合发展的基础动力，离开城乡发展要素的跨尺度和跨地域流通，城乡二元格局难打破，城乡融合发展难推进。城乡发展要素有序流动有利于缓解乡村地区人地矛盾，进而重塑城乡地域承载格局（叶超等，2021）。生态文明建设进一步强化了乡村空间的生态功能属性，城乡空间生态价值流动有利于推动城乡格局转变。在国土空间规划体系下落实城乡发展要素流动，需要在渠道疏通、补偿激励、管理保障等层面强化体制机制建设。全面放开多级城镇落户的限制条件，增加保障性住房的供应能力，重构城乡土地发展权配置体系（如用地指标向乡村产业用地倾斜），探索灵活可控的乡村国土空间用途管制模式。通过国土空间规划的倾向性制度设计，吸引城镇发展要素“入乡回流”，落实城乡发展要素双向流动，进而推动国内城乡大市场的联动，以及城乡空间要素发展的融合。

城乡空间结构互通是打通城乡空间价值交换和城乡空间治理互馈的有效手段，也是构建国土空间治理体系和传导路径的重要环节。城乡空间结构在物质空间结构（三生空间结构、土地利用结构、聚落体系结构等）和空间关系结构（空间组织结构、空间价值结构、空间权属结构等）等层面改变城乡融合发展进程（叶超等，2021）。以“三区三线”划定为代表，国土空间规划对城乡三生空间结构从全局性统筹到局部性安排，成为城乡三生空间结构优化的顶层设计。国土空间规划对城镇村聚落体系的结构性安排，决定了村镇建设格局、城乡空间布局、聚落体系等级的演化趋势，成为推动城乡融合发展的关键力量。国土空间规划作为分级分类实施的系统性规划，重构了城乡空间治理的组织模式，突出信息化和数字化技术在空间管控中的作用。城乡国土空间一体化统筹强化城乡空间融合治理，将有利于打破长期以来形成的城乡二元权属结构特征，破解农村集体土地权能被抑制、市场化配置体系不健全（乡村土地转用的低补偿与低成本）、多元主体参与度不高等问题。

城乡功能融通在空间特征、时间特征、尺度特征等层面决定了城乡融合发展的方向。国土空间规划在规划体系、规划目标、规划技术等方面将主体功能区划融入其中，试图通过多级尺度和多类目标实现国土空间综合功能和主体功能的衔接，尤其在国家宏观尺度的地域主体功能布局方面，成为塑造国土空间开发格局的重要依据，也是城乡空间功能格局的主导因素之一（岳文泽等，2020）。城乡空间功能定位的初次配置，决定了地域空间开发利用的未来趋势，塑造了城乡空间开发权利的价值流向。国土空间规划的城乡地域功能定位和差异化管控模式决定了城乡转型发展的动力源，只有打通城乡功能融合的渠道，推动城乡空间价值交易与流转，才能真正落实城乡融合发展目标（周敏等，2022）。新时期，城乡空间链接网络化和城乡空间治理数字化使城乡空间功能融合渠道和价值流通通道更具可能性。

面向“公平-发展-生态”的国土空间规划为城乡“要素-结构-功能”融合提供有效支撑（图 5-5）。国土空间规划通过优化城乡空间要素流动、结构联动和功能互动支撑城乡融合发展的现实诉求。多目标国土空间规划通过强化城乡融合发展的空间支撑作用，破解空间利用存在的结构性和功能性问题。城乡“要素-结构-功能”融合对国土空间规划的多元目标实施提出更高要求，促进要素平等交换和自由流动，突出空间价值的公平配置，强化空间发展权和空间价值分配权的城乡均等化，落实城乡公共资源的均衡配置体系。在生态文明体系下建构的国土空间规划体系，将城乡空间融合内嵌入生态文明的建构逻辑，服务城乡融合发展的内在要求。

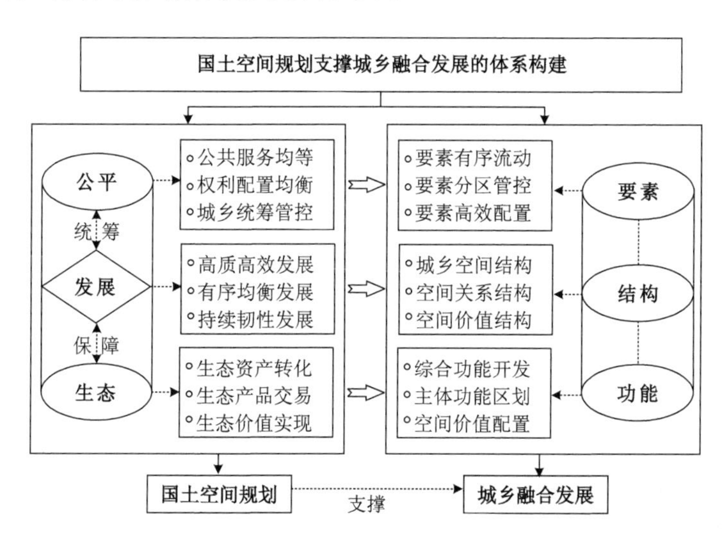

图 5-5　国土空间规划与城乡融合发展作用机制

5.4　面向空间治理的村庄规划桦墅村实践

5.4.1　桦墅村空间规划实践过程

1. 桦墅村概况

桦墅村位于江苏省南京市栖霞区西岗街道南部，西部为南京仙林大学城，东北部与句容市宝华镇交界，南部与江宁区汤山街道接壤，距南京市区约 30 km，区位条件优越。全村总面积约 8.14 km^2，绝大部分面积被山地丘陵覆盖，呈现“依山傍水，三山旋护，一水环带”的肌理形态。桦墅村拥有1500 多年的历史，底蕴深厚，拥有石佛庵石窟、点将台古文化遗址、秦氏宗祠遗址、虎皮墙民居、枫杨古树、南京石膏矿遗址等，自然和文化资源丰富。自 2014 年起，南京经济技术开发区与西岗街道在桦墅村实施“美丽乡村”建设项目，以周冲村、周冲水库、射乌山为核心发展乡村文化旅游，桦墅村旅游业发展成效显著，先后荣获“中国美丽休闲乡村”“全国休闲农业与乡村旅游示范点”“江苏省特色田园乡村”等荣誉称号。

2. 桦墅村空间规划过程

21 世纪以来，桦墅村的发展历程大致分为三个阶段。①乡村衰败阶段（2013 年以前），该时期桦墅村属于传统农业生产型村庄，村民以耕作为生，村集体积贫积弱，村内基础设施薄弱，人口不断流向城市。②美丽乡村建设阶段（2013～2015 年），2013 年 5 月，中共南京市委、南京市人民政府印发《南京市美丽乡村建设实施纲要》，提出“五美乡村”（空间优化形态美、绿色发展生产美、创业富民生活美、村社宜居生态美、乡风文明和谐美）的打造目标，桦墅村“美丽乡村”建设项目正式启动。桦墅村围绕“桦墅双行”规划，以都市旅游文化为引领，发展乡村文旅产业与特色休闲农业。③乡村休闲文旅蓬勃发展阶段（2016 年至今），2018 年桦墅村被定为“以智养乐活为产业特征的城市田园综合体”，引入农家乐、精品民宿、休闲垂钓、采摘、露营等旅游项目，实现乡村特色风貌和多元功能业态相结合。时至今日，桦墅村已由闭塞的传统农业村庄转变为宜居、宜业、宜游的美丽乡村，村集体全年收入超 800 万元人民币，带动 100 余人就近就业。

5.4.2 桦墅村空间规划实施效应

1. “多规合一”效应

桦墅村在空间规划中积极落实上位国土空间规划要求，整合村庄土地利用、产业发展等相关规划，合理确定乡村发展定位，统筹安排乡村地区各类空间和设施布局。桦墅村在推进“多规合一”的过程中坚持“自上而下”和

"自下而上"相结合的空间治理体系，逐步落实乡村空间"物质-权属-组织"综合治理，促进城乡空间统一管控。

桦墅村在规划建设中充分调动多元主体（政府、企业、村民等）的积极性，推进空间发展目标和公平权益体系建设。桦墅村坚持"共谋、共建、共治、共享"方式，由村民、村委会、地方政府、设计师、社会力量五方联动，搭建乡村规划建设共同体。其中，地方政府（如南京市栖霞区人民政府）争取旅游发展专项资金，审批项目建设，监督上位管控要求；桦墅村村委会组建村民理事会，提出具体意见，促进村庄规划落实；村民以合作社的形式参与村庄发展建设，遵守村规民约，加强乡风文明建设；设计师全程参与村庄规划，指导村庄建设，统筹协调各方诉求；企业、乡贤、村干部、志愿者等社会力量共同参与乡村建设，激发乡村建设和发展的内生动力。在多元主体协同作用下，桦墅村实现乡村土地利用、产业发展、居民点布局、人居环境整治、生态保护和历史文化传承等全域、全要素的综合整治。

（1）用地规划科学，三生空间优化。桦墅村在空间规划中合理制定农用地整理、未利用地开发等实施方案，提高土地利用效率，优化生产、生活、生态空间布局。桦墅村自然绿被广布，是典型的江南丘陵田园乡村，生态空间以林地、草地、水域为主，林地覆盖面积超过70%，草地呈零星分布，水域主要为人工坑塘及20世纪60年代修建的周冲水库；生产空间以水田、旱地等农业生产用地为主，与农村宅基地间或分布，并以周冲水库为核心向四面扩张；生活空间以住宅用地、公共服务用地为主，主要集中于周冲中心村。2014年桦墅村开启美丽乡村建设项目，其间三生空间发生了显著变化，突出表现为耕地"西退锐减"及"林地东扩"（图5-6）。伴随土地综合整治、土地流转及复垦工作的实施，耕地逐渐从粗放走向精细、从分散走向集中，田间破碎的小沟塘得以整并，连成规模化、集约化的条田，北端废弃的石膏矿区全部平整为'南粳46'示范稻田，周冲中心村东侧的旱地依旧呈条带状沿东西方向展布，而周冲水库东侧的耕地和草地全部转为"三化"林。2016年底至2017年初，桦墅村基本完成拆迁并点工作，生活空间进一步聚拢于周冲中心村。通过盘活村庄闲散用地，合理安排农村居民点建筑布局，桦墅村土地资源节约集约利用水平提升，三生空间布局得到优化。

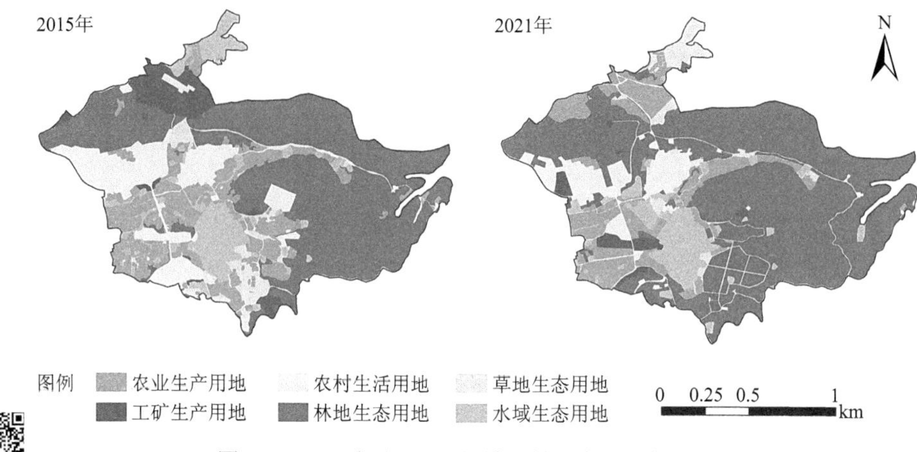

图 5-6　2015 年和 2021 年桦墅村三生用地空间格局

扫一扫，看彩图

（2）产业规划合理，空间价值显化。桦墅村通过分析村庄资源、区域需求等，加强生产项目的合理规划，逐步开发出新的项目，促进乡村集体经济发展、农民收入提升、乡村空间价值增值和显化。2014 年，南京经济技术开发区和西岗街道联合推出“美丽乡村”计划，以“桦墅双行”为指导思想，以都市旅游文化为核心，致力于打造以射乌山、周冲村为中心的桦墅村乡村旅游建设项目。在“美丽乡村”项目实施的上升阶段，桦墅村在旅游配套产业上依托民宅开展民宿建设试点，打造乡村旅游与农家生活深度体验相结合的发展模式，积极培育民宿、农家乐等旅游业态，构建起乡村、公园、民宿三位一体的旅游体系。截至 2022 年 9 月，桦墅村行政村内农家乐经营户数量已达 13 户，另有 4 家民宿。农户生计过渡到以非农经营为主、旅游淡季务工为辅的组合形式。桦墅村逐步从交通闭塞的偏远乡村转型为产业兴旺、村民富足的文旅驱动型乡村。

（3）生活规划完善，人居环境提升。桦墅村在空间规划中加强了对居民生活的调查研究，通过观察居民对于生活的主要诉求和改善目标，开展交通路网、绿化植被、垃圾清运、农田水利、公共服务提升等一系列改善乡村环境的措施。同时，桦墅村对乡村公共空间进行景观治理，融入艺术性与创新性，提升村庄绿化美化率，如利用乡土花卉、果蔬等点缀乡间小路和村内庭院，设计富有层次感的滨水绿化带，打造四季皆有美景的村内池塘景观等。桦墅村公共设施不断完善，居民生活的舒适度和便利度得到提高，居民的安全感和幸福感得到提升。

（4）生态建设强化，环境质量改善。桦墅村在空间规划中加强了对各类生态保护地、地质遗迹、水源涵养区和优质耕地等的保护，整体推进山水林田湖草综合整治和生态修复，实现绿色发展、高质量发展。桦墅村从 2015 年开始大力发展乡村生态旅游业，依托良好的山林水域生态资源，将“生态优先、绿色发展”作为发展路径。以周冲自然村为核心，充分利用周冲水库和河流景观资源，开发射乌山山林资源、山道资源，建设览山绿道，实现部分生态用地、农用地的景观化处理，提高了桦墅村生态环境质量。

（5）文化内涵挖掘，地域特色彰显。桦墅村空间规划从乡村本底特色出发，把握乡村文化和风貌特征，挖掘历史文化资源要素。桦墅村作为典型江南丘陵地区的农村，在建设过程中将翻修建筑统一成“粉墙黛瓦”的徽派建筑风格。村内除射乌山自然山林景观外，还有多处历史文化遗存（石佛庵石窟、抗金英雄秦钜祖居、秦氏点将台、练兵场、秦公桥、状元井等）。当地坚持保护优先与合理利用文化遗产的开发理念，通过原址复建等形式打造多种类型文化项目，展现地域文化特色。桦墅村在下辖的每个自然村均建设桦墅学堂供全体村民阅读，并将村内一座废弃厂房改建成农家书屋作为村民的阅读场所。桦墅村依托村内丰富的历史文化资源，在发展乡村生态的同时给予游客多彩的文化体验。

2. 细化国土空间用途管制效应

桦墅村在空间规划中坚持“刚性管控”和“弹性引导”的有机结合，落实地块尺度的土地利用用途管制，在明晰土地权属和组织关系的情况下提升乡村地域资源要素、结构体系和功能价值，实现乡村空间利用价值的最大化。

（1）生产空间非农旅游化。桦墅村以“刚性管控”为主，严格落实永久基本农田保护红线的数量和质量要求，保障粮食安全；以“弹性引导”为辅，基于不同的资源条件和发展基础，适当发展设施农业、种养殖业等。在旅游业驱动下，乡村空间生产功能由传统农业生产主导功能向旅游经营功能转型，耕地衍生出休闲观光、耕作体验、科普教育、社会实践等多重价值。2019 年，栖霞区启动“绿色银行”项目，桦墅村将 9.88 hm^2 耕地转为苗圃林地，按照高端化、标准化、集团化“三化”要求发展林业种植；另有 9.64 hm^2 耕地转为园地，一部分用于建设桃、梨水果采摘园增进游客互动体验，另一部分用于打造街道两侧的公共绿化。2019 年底，桦墅村将 3.4 hm^2 水田转化为坑塘水面，用于鲫鱼、龙虾、河虾等的水产养殖，供游客休闲垂钓及水景观光；与此同时，将 0.43 hm^2 耕地用于建设休闲草坪和足球场，供游客观景览胜、烧烤野餐及野外露营。桦墅村生产空间非农旅游化特征明显，空间结构和功能得到改善，空间利用价值得到提升。

（2）生活空间产居一体化。桦墅村对生活集中建设区的规划立足于功能整合、结构优化、尺度调控，注重提升乡村居民的生活质量；乡村生产发展建设区则强调空间置换与集聚发展，充分挖掘存量空间价值，提高空间生产效率，促进产业经济发展。2016 年，桦墅村完成第一轮人居环境整治后，依托山水相依的田园风景，发展餐饮、零售、住宿、休闲等旅游业态。2020 年前后，外来资本开始介入乡村，租赁村民房屋建设咖啡厅、茶馆、民宿、疗养基地等，都市消费符号重构了乡村生活空间。截至 2023 年 3 月，桦墅村约 36%的宅基地拓展出居住、商业、办公、展览等多元业态，单一居住功能的宅基地转型为商住混合空间（图 5-7）；另有 47%的宅基地仅用于居住，并与旅游商业空间交错分布。总体而言，乡村旅游产业弱化了乡村生活空间原有的居住属性，加速了生活空间“产居一体化”的进程。

图 5-7　桦墅村旅游核心区空间利用现状

（3）生态空间景观游憩化。桦墅村在严格落实生态保护红线的基础上，挖掘生态空间潜在价值，在保障管控区生态功能的同时，探索生态价值向经济价值转化的路径和方式，实现乡村的可持续发展。林地、草地、水域等生态空间占据了桦墅村 73.06%的用地面积，旅游开发的景观需求促使生态用地脱离生态涵养、环境维护的单一生态功能，逐渐叠合旅游观光休闲等多元功能。2019 年，桦墅旅游核心区充分打造周冲水库观景走廊，沿水系廊道可将全村样貌尽收眼底。2021 年，水库对面的射乌山上建成环山道路，可供游客徒步登山、骑车休闲、野外露营。桦墅村乡村生态空间的服务价值日益凸显，生态空间景观游憩化特征明显。

3. 服务于城乡融合发展效应

桦墅村在空间规划中落实国土空间规划对城乡地域功能定位和差异化管控模式，促进城乡间土地、资金、人才等发展要素的跨尺度和跨地域流通，实现要素牵引下的城乡空间结构互通和城乡空间功能融通，落实城乡融合发展目标。

（1）土地流转通畅，经济活力增强。桦墅村在空间规划中持续推进农村土地产权流转，提高土地利用价值，增强乡村经济活力。自 2014 年南京经济技术开发区与西岗街道在桦墅村实施“美丽乡村”建设项目以来，桦墅村积极响应号召，进行大规模的农村土地流转，共流转土地 1300 亩[①]左右。流转土地部分用于与江苏省农业科学院粮食作物研究所合作栽种‘南粳 46’水稻，打造“桦墅”大米品牌，增加村民分红收入；部分用于蔬果种植、鱼塘养殖、公共绿化等，其中 700 多亩集体土地租给栖霞园林绿化工程公司种植“三化”经济林，形成集体经济和村民收入共同增长的发展模式。农用地产权流转推动农村土地资源整合，实现农业的规模化经营。同时，产权改革激活了资金和劳动力等要素，吸引资本下乡和劳动力回流，推动乡村的高质量发展。

（2）资金畅通循环，发展基础稳固。桦墅村在乡村规划中充分利用政府引导性资金，同时积极引导城市和社会资本下乡，带动资金要素在城乡间的流动，确保乡村旅游发展的资金保障，实现乡村的稳步发展。政府引导资金主要集中在乡村旅游公共设施建设、乡村旅游项目前期投资、乡村旅游配套

---

① 1 亩≈666.67 m^2。

设施建设、旅游项目建设、旅游市场推广等。如 2021 年政府投资并集结民间资本，建成“望月阁”“良栖山院”“乡守民宿”“乡居融舍”共 4 家职工疗休养民宿。社会青年群体及高校租赁多家店铺并投入经营，拓展出民宿、零售、休闲娱乐等旅游业态，构成了村域内的微观产业群。资金要素的畅通循环推进了城乡融合的进程，同时为区域要素的双向流动提供了坚实的物质保障和支撑基础。

（3）人才流动顺畅，优质资源下沉。桦墅村“文旅驱动型乡村”发展定位促进旅游专业技术人员进村，参与乡村的发展建设。同时，乡村旅游业的发展吸引高文化素质、高收入的中产绅士化群体入驻乡村，为乡村发展带来城市中的资本、企业家精神等，促进优质资源下沉，推动乡村转型发展。桦墅村与科研单位、高校等合作，共同打造大学生实践基地，将现代农业技术引入乡村的同时传播了新型创新理念。年轻的知识分子与艺术家群体通过举办各类文化活动，促进绘画、陶艺、茶道等入村，为桦墅村发展注入文化活力。桦墅村乡村旅游规划的施行促进城乡人才的双向流动，从而带动产业、资本等要素在城乡之间的良性循环，满足新形势下的乡村旅游发展需要。

参 考 文 献

陈前虎, 刘学, 黄祖辉, 等. 2019. 共同缔造: 高质量乡村振兴之路[J]. 城市规划, 43(3): 67-74.

陈小卉, 闾海. 2021. 国土空间规划体系建构下乡村空间规划探索——以江苏为例[J]. 城市规划学刊, 1: 74-81.

邓红蒂, 袁弘, 祁帆. 2020. 基于自然生态空间用途管制实践的国土空间用途管制思考[J]. 城市规划学刊, 1: 23-30.

戈大专, 龙花楼. 2020. 论乡村空间治理与城乡融合发展[J]. 地理学报, 75(6): 1272-1286.

戈大专, 陆玉麒. 2021. 面向国土空间规划的乡村空间治理机制与路径[J]. 地理学报, 76(6): 1422-1437.

郭杰, 陈鑫, 赵雲泰, 等. 2020. 乡村空间统筹治理的村庄规划关键科学问题研究[J]. 中国土地科学, 34(5): 76-85.

林坚, 武婷, 张叶笑, 等. 2019. 统一国土空间用途管制制度的思考[J]. 自然资源学报, 34(10): 2200-2208.

刘彦随. 2018. 中国新时代城乡融合与乡村振兴[J]. 地理学报, 73(4): 637-650.

刘彦随. 2020. 中国乡村振兴规划的基础理论与方法论[J]. 地理学报, 75(6): 1120-1133.

刘云刚, 陈林, 宋弘扬. 2020. 基于人才支援的乡村振兴战略——日本的经验与借鉴[J]. 国际城市规划, 35(3): 94-102.
龙花楼. 2015. 论土地利用转型与土地资源管理[J]. 地理研究, 34(9): 1607-1618.
龙花楼, 屠爽爽. 2017. 论乡村重构[J]. 地理学报, 72(4): 563-576.
彭建, 李冰, 董建权, 等. 2020. 论国土空间生态修复基本逻辑[J]. 中国土地科学, 34(5): 18-26.
孙莹. 2018. 以“参与”促“善治”——治理视角下参与式乡村规划的影响效应研究[J]. 城市规划, 42(2): 70-77.
申明锐. 2020. 从乡村建设到乡村运营——政府项目市场托管的成效与困境[J]. 城市规划, 44(7): 9-17.
叶超, 于洁, 张清源, 等. 2021. 从治理到城乡治理: 国际前沿、发展态势与中国路径[J]. 地理科学进展, 40(1): 15-27.
岳文泽, 王田雨, 甄延临. 2020. “三区三线”为核心的统一国土空间用途管制分区[J]. 中国土地科学, 34(5): 52-59, 68.
张京祥, 夏天慈. 2019. 治理现代化目标下国家空间规划体系的变迁与重构[J]. 自然资源学报, 34(10): 2040-2050.
张英男, 龙花楼, 马历, 等. 2019. 城乡关系研究进展及其对乡村振兴的启示[J]. 地理研究, 38(3): 578-594.
朱喜钢, 崔功豪, 黄琴诗. 2019. 从城乡统筹到多规合一——国土空间规划的浙江缘起与实践[J]. 城市规划, 43(12): 27-36.
周敏, 林凯旋, 王勇. 2022. 基于全链条治理的国土空间规划传导体系及路径[J]. 自然资源学报, 37(8): 1975-1987.
Frisvoll S. 2012. Power in the production of spaces transformed by rural tourism[J]. Journal of Rural Studies, 28(4): 447-457.
Ge D Z, Long H L, Qiao W F, et al. 2020. Effect of rural-urban migration on rural production transformation in China’s traditional farming area: A case of Yucheng City[J]. Journal of Rural Studies, 76: 85-95.
Ge D Z, Wang Z H, Tu S S, et al. 2019. Coupling analysis of greenhouse-led farmland transition and rural transformation development in China’s traditional farming area: A case of Qingzhou City[J]. Land Use Policy, 86: 113-125.
Wu F. 2017. Planning centrality, market instruments: Governing Chinese urban transformation under state entrepreneurialism[J]. Urban Studies, 55(7): 1383-1399.

第 6 章　乡村空间治理与乡村振兴战略

新时期，乡村振兴挑战与空间利用问题密不可分，基于空间治理建构乡村振兴的理论体系和实践路径具有现实意义。乡村价值重构是确保乡村振兴目标实现的关键环节，乡村空间管控和发展权利配置可从乡村空间治理寻找突破口。空间治理振兴乡村的效应从城乡互动关系优化、乡村内生动力激发、基层组织能力强化等层面加以呈现。乡村空间治理推动城乡融合发展、激活乡村内生发展、完善乡村组织机制是落实乡村振兴的有效路径。"上下结合型""多元主体参与型""权利共享型"乡村空间治理为落实乡村振兴战略创造条件。

6.1　乡村空间治理与乡村振兴的内在逻辑

乡村振兴的难点与乡村空间治理的着力点是二者连接的逻辑起点。乡村振兴战略难落实与失配的人地关系、异化的城乡关系、失衡的价值流向密切相关，破除城乡融合发展的体制和机制障碍正是推进乡村振兴的前提条件。当前，乡村空间开发存在结构功能不协调、价值低估、权属不明、组织零散等问题，这些问题同时也是乡村跃升发展的阻力（图 6-1）。乡村空间治理瞄准乡村空间开发利用的不适宜形态展开针对性治理，为打通乡村振兴发展的路径扫除空间障碍。具体表现为物质空间治理协调乡村空间地域结构与功能，空间权属治理打通乡村空间价值实现渠道，空间组织治理凝聚乡村发展活力，进而重新配置乡村人地关系地域格局，改变"城乡分治""人地分离"的状态，重新塑造乡村发展的空间基础。

乡村振兴措施与乡村空间治理成效的对应性构成二者在乡村振兴科学体系中的衔接关节点。以"产业振兴、人才振兴、文化振兴、生态振兴、组织振兴"为核心的乡村振兴举措体系为乡村空间治理指明了方向。产业振兴是落实乡村振兴的根本前提，需要在完善基层集体经营制度的前提下构建现代产业体系（陈秧分等，2019），而空间治理服务乡村产业振兴是其核心治理

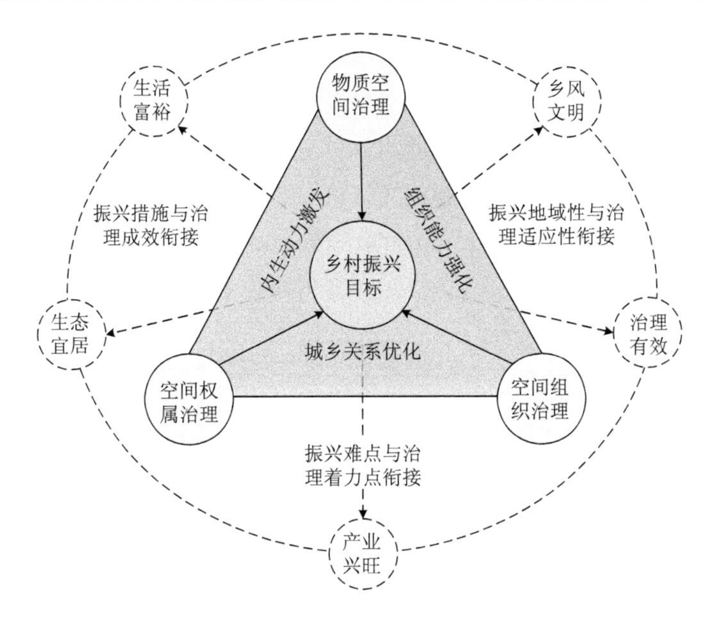

图 6-1　乡村空间治理与乡村振兴衔接关系

目标。人才振兴是乡村振兴的坚实保障，缺乏人才振兴的乡村将难以持续运营，空间综合治理增强乡村吸引力将是完善人才振兴的关键举措。文化振兴是防止乡村性被削弱的重要前提，脱离传统乡村地域文化的振兴策略将成为“无源之水”，乡村空间治理维持乡村地域特色的差异化治理策略与凸显乡村公共空间文化传承作用的治理方案将为有效落实文化振兴路径创造机遇。生态振兴与乡村空间的价值化和产品化紧密相关，通过乡村空间治理强化乡村空间生态价值特征及其实现方式将为乡村振兴注入活力。组织振兴与乡村组织程度及其风险应对能力紧密关联（杨忍和潘瑜鑫，2021），乡村空间组织治理将重点解决乡村振兴的组织困境。

乡村振兴的地域差异性与乡村空间治理措施组合的适应性是二者逻辑衔接的基石。因地制宜实施乡村振兴政策是破解乡村振兴战略难落地的关键举措，乡村振兴的地域特色离不开区域国土空间的承载性和社会文化的特殊性。乡村空间地域特征凸显了乡村资源环境本底的重要性（李红波等，2018），突破地域限制性因素也是乡村实现跨越式发展的重要路径。不论是欠发达地区资源环境的“诅咒效应”，还是发达地区乡村空间的消费化，都表明结合乡村空间的自然基础是保障乡村振兴落地的关键所在。乡村空间治理举措的差异化组合表现为立足区域特征，识别核心限制性因素，以乡村空间关键环节治理为突破，撬动整个乡村转型发展格局。江苏省立足乡村公共空间治理，推动乡村集体经济大发展，充分说明乡村空间治理举措的适应性将有效推动区域乡村实现快速发展（戈大专和龙花楼，2020）。

乡村空间治理通过物质空间治理、空间权属治理、空间组织治理，契合了乡村振兴目标的核心诉求。乡村空间利用问题是“乡村病”频发的重要诱因，相反乡村空间治理将是打开乡村振兴的重要钥匙，探讨乡村空间治理与乡村振兴的内在逻辑关系具有现实意义。

6.2 空间治理的乡村振兴效应

6.2.1 乡村空间治理与城乡互动关系优化

乡村空间治理改变城乡互动格局，有利于完善城乡地域系统转型的理论基础。乡村空间治理通过改变城乡空间用途的二元轨道，尝试建构城乡空间用途一体化管控平台和公平置换机制，进而推进城乡土地市场交易的一体化，突破乡村空间长期处于被动接受的定位。乡村物质空间治理是推进城乡互动的动力源，通过物质空间治理挖掘乡村空间开发潜力，为置换乡村发展资本创造条件。乡村空间权属治理显化乡村空间价值，推动空间价值增值的公平化分配，创造空间价值向乡村流动的条件（李红波等，2018; Ge et al.，2020）。乡村空间组织治理强化乡村破碎空间的重组，优化空间主体组织方式，为推进市民化为代表的城镇化扫除基本障碍。通过乡村空间治理，打破城乡空间物理隔离、价值割裂、组织分裂的困境，进而为优化城乡关系提供破题路径。

乡村空间治理通过改变城乡互动“强度”和“通道”，实现对城乡关系的优化。城乡互动强度与城乡发展要素流动的顺畅度和牵引力成正比，同城乡空间阻隔和城乡差异鸿沟成反比，乡村空间治理优化城乡发展要素流动格局、城乡空间结构特征、城乡空间功能体系，进而形成全新的城乡互动关系，提升互动强度。乡村空间“物质-权属-组织”治理体系通过改变城乡互动通道优化城乡关系（戈大专和陆玉麒，2021）。城乡空间发展权、物权、经营权等权利体系的不对等，使得乡村空间权利被城市持续挤占。通过空间治理打通城乡权利互动通道，将是激活乡村空间开发潜力的关键环节（李红波等，2018）。此外，城乡互动的要素流通通道、一二三产业融合通道、基础设施连通通道、公共服务网络通道，均将在乡村空间治理过程中得到强化。通过城乡互动强度延伸和通道疏通，实现城乡空间开发格局的重构，为构建公平的城乡关系奠定基础（图 6-2）。

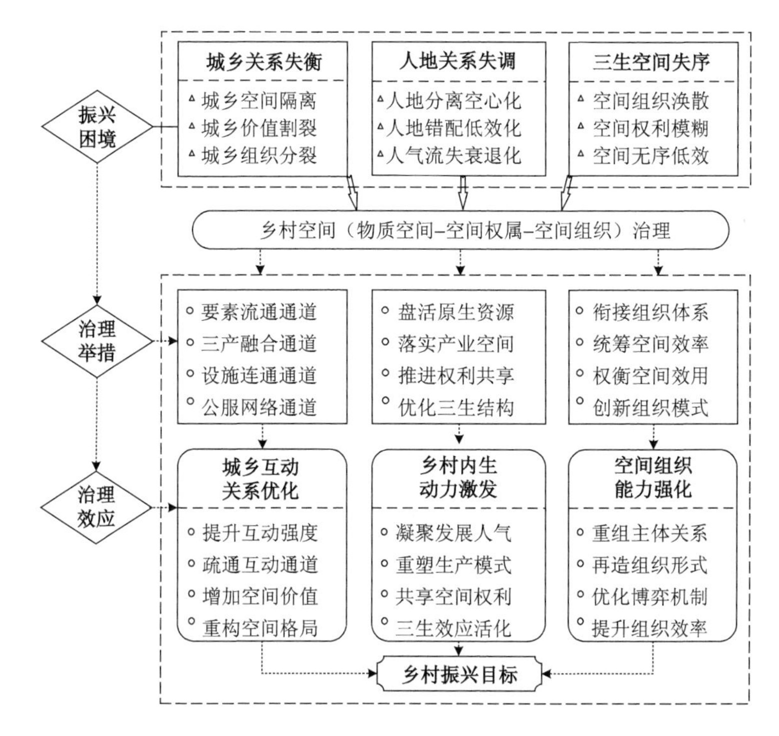

图 6-2　空间治理的乡村振兴效应

6.2.2　乡村空间治理与乡村内生动力激发

乡村空间是乡村发展的物质基础，利用乡村空间培育内生发展动力的关键在于打破传统空间利用模式和价值实现路径。城镇化进程中，以“空心化”为代表的村庄显出“不留人、不养人”的衰退趋势，乡村发展动力持续衰减。因此，破解乡村发展动力流失的关键是留住本乡人、招来外乡人、培育干事能人，“有人气”的村庄才可能被活化。此外，村庄内生动力培育需要激发主体参与建设的积极性，村庄创新发展的自适应能力培育是关键，外来因子的引入仅仅是翘板。乡村产业难发展，动力培育将难以为继，产业持续引入与再造才是乡村内生动力持续产生的源泉（Cejudo and Navarro，2020；陈秧分等，2019）。在乡村人地关系转型背景下，通过乡村空间治理激发乡村内生动力的条件已具备，部分先行先试、市场化程度高的地区已经树立起众多成功案例。以山东曹县为代表的数字电商乡村发展模式，充分说明依托乡村本土空间资源衔接跨尺度交互作用的市场网络，激发乡村内生动力具备现实的可行性。解析乡村空间治理对乡村内生发展动力的激发效应，有利于揭示乡村转型发展的内在机理。

乡村空间治理激发乡村内生动力可通过空间保障、权利保障、组织保障等形式体现。乡村物质空间治理可以解决乡村人地错配问题（如宅基地合理退出）。空间权属治理提升乡村人口空间处置权和用益物权，充分激活乡村空间价值服务本地居民的潜力，调动多元主体参与乡村建设和产业开发的积极性，从而凝聚乡村“人气”。空间组织治理推动乡村生产和生活模式重组，创新新型合作组织方法，凝聚新的乡村经济组织形式。由以上分析可知，乡村空间综合治理在打破乡村“空心化”、破解乡村衰退无后劲等问题上具有重要作用（龙花楼，2013）。

乡村内生动力的激发需要空间基础，空间综合治理通过盘活存量空间、挖掘潜在空间、优化空间结构、推进混合利用等方式，落实乡村内生发展的空间保障。城乡空间价值公平分配是调动乡村主体创业干事的重要推动力，乡村空间权利赋予过程也是城乡空间价值二次配置过程。空间治理推动乡村土地利用价值增值，正是乡村内生动力培育所急需的权利保障。乡村空间利用“散、乱、空”的状态（龙花楼等，2019），带来乡村空间组织的“低效、无序、混乱”，阻碍了乡村生产和生活模式的更新，“小农”生产组织模式与现代市场对接需要通过空间治理加以衔接（刘彦随，2018），推动空间组织与乡村生产组织有序转型，进而从组织保障层面加快构建乡村内生发展渠道。空间保障、权利保障、组织保障，使得内生动力激发更具现实可操作性，也为构建乡村产业发展和创新生产模式创造条件（图 6-2）。

6.2.3　乡村空间治理与空间组织能力强化

乡村空间治理重组乡村空间体系，重聚乡村发展活力，强化基层组织能力，将为乡村振兴提供坚实保障。中国乡村由小规模家庭为单位向现代生产组织体系转型是乡村转型面临的重要挑战。以日本和韩国为代表的发达国家的转型经验表明，乡村人口流出过程需要与农户结构体系重组、生产模式重组、城乡关系重组紧密结合起来。在东亚发达国家的转型经验中，强化农户协商机制的自组织体系成为保障农户发展权益、调动农户参与积极性、发挥乡村基层组织力的重要渠道（戈大专和陆玉麒，2021）。集体经营性资产紧缺、公共服务能力不足、组织号召力缺失，这些已经成为阻碍乡村振兴的关键环节。立足我国小农基本经营制度的前提，破解乡村组织能力涣散问题必须得到足够关注。乡村空间治理从乡村空间权利分配重组、用途管制重组、主体关系重组等方面出发，强化乡村地域系统内部生产和生活组织体系的重组，将为强化乡村空间组织能力提供支撑。

乡村空间治理通过乡村空间组织体系、组织效率和组织效用等方面强化基层组织能力，提升乡村发展组织程度。乡村空间综合治理在强化村域尺度村民自治制度和农户尺度家庭联产承包责任制的基础上，增强村集体的空间组织能力，协调村支两委和村民经济合作组织在村庄组织中的地位和定位，突出乡村空间组织的统筹能力，进而破解乡村组织体系零散化、空心化、悬空化等弊端（刘彦随，2007）。乡村空间治理效率与治理效用提升主要表现在治理主体明确、治理组织高效、治理方式多样等方面。乡村空间综合治理强化物质空间与空间关系一体化治理，空间权利与空间组织统筹治理正切合了乡村组织体系重组的现实需求。乡村空间治理作用与组织效率提升还可从空间利用效率、城乡组织效率、主体博弈效率等方面施加影响，进而全方位促进乡村组织效率的提升，服务新型空间治理格局的构建。乡村空间治理强化基层组织能力可从优化组织效用方面入手，乡村空间治理在完善乡村组织体系、提升乡村组织效率的基础上服务乡村振兴，主要通过再造基层组织形式、提升基层组织博弈能力、优化多元主体参与机制等方面促进乡村新发展格局的形成（图 6-2）。

6.3　基于空间治理的乡村振兴路径

乡村空间治理在重构城乡互动关系、乡村内生发展体系、基层组织能力等方面具有显著的正向效应，合理的体制和机制设计为构建新时期乡村振兴可行路径提供强有力的支撑。不同类型的乡村振兴路径适用于不同发展阶段和地域特征的乡村。因此，开展空间治理导向的振兴路径理论研究，其核心是阐述如何通过空间治理搭建具有普适特征的乡村振兴可行方案，进而推动乡村转型发展进入良性通道。综合前文分析，本书构建了三种空间治理导向乡村振兴可行路径，分别为城乡融合路径、内生发展路径和组织强化路径，这三种路径与空间治理效应体系紧密结合，逻辑体系较为严密（图 6-3）。

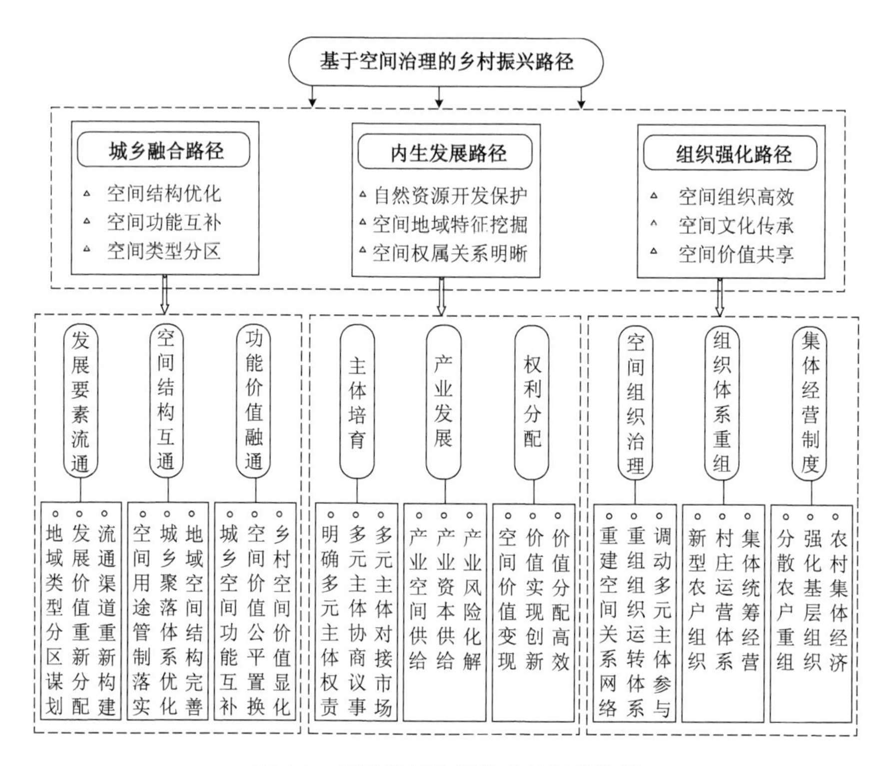

图 6-3 基于空间治理的乡村振兴路径

6.3.1 城乡融合路径

城乡融合在重构城乡关系与振兴乡村双重层面上具有建设目标的一致性、建设手段的共通性、建设过程的融合性。城乡融合发展既是城乡关系的重新构建，也是乡村振兴的应有之义，没有城乡融合发展的乡村振兴难以实现，离开乡村振兴的城乡关系也难以融合发展。刘彦随（2018）指出城市和乡村是一个有机体，城乡交错的地域系统是推进城乡关系重构的关键，构建城乡融合体是推进城乡关系转型的核心策略。构建城乡融合体系可从空间要素配置体系、空间结构传导体系、空间功能优化中寻找突破。乡村空间治理瞄准城乡关系领域存在的要素流通难、价值互通难、功能置换难等问题展开针对性治理，正契合了城乡关系重构与融合的目标。空间治理带来的城乡发展要素配置体系重构主要包括地域类型分配谋划、发展价值重新分配、流通渠道重新构建等手段。通过推动发展要素有序流动和重新配置，打通乡村振兴要素流通渠道。乡村空间治理优化空间结构传导体系主要通过空间用途管制落实、城乡聚落体系优化（唐承丽等，2014）、地域空间结构完善等方面传导乡村振兴政策。空间治理优化城乡功能体系是推动城乡融合发展机制落实的重要内容，通过空间治理落实空间价值公平置换，推动乡村空间价值显化和城乡空间功能互补，进而服务城乡融合发展（戈大专和龙花楼，2020；龙花楼和陈坤秋，2021）。

乡村空间治理推动城乡发展要素流通、城乡空间结构互通、城乡功能价值融通的融合过程，正是实现乡村振兴的可行路径。城乡发展要素自由和高效流通是保障乡村振兴的基础动力，推动城乡迁移人口市民化和工商业资本有序下乡，落实科技和技术支持乡村发展，保障返乡劳动力就业并加强培训。这使城乡发展要素由单向流通向双向流通，进而为落实乡村振兴创造条件。城乡存在文化差异及空间承载地域分异，通过乡村空间有序治理将有利于城乡文化的交互，为传承乡土文化、推进文化振兴创造条件。城乡空间结构互通是打通乡村振兴的关键环节（乔家君和马玉玲，2016），城乡三生空间结构、聚落体系结构、空间网络结构、空间关系结构等结构体系互通目标的落实，将有利于乡村振兴目标的实现。城乡空间价值融通是落实乡村振兴目标的重要突破，其核心在于利用空间治理破解城乡空间功能和价值体系的异化格局，推动城乡空间价值的公平配置。通过调整城乡发展要素的空间配置格局，乡村空间治理释放了乡村空间的经济价值，推动了城乡社会关系的互动，有助于建立城乡统一的市场机制、价值分配机制、功能互补机制。结合乡村空间地域类型，制定适应地方需求的治理策略，重点解决“问题区域”的“区域振兴问题”。通过乡村空间综合治理，推动城乡发展要素有序流动，疏通城乡融合发展的“堵点”，破解乡村振兴落实的“难点”，打通振兴政策传导的“断点”（图 6-3）。

6.3.2　内生发展路径

乡村内生发展动力、机制和路径的落实是乡村振兴需要破解的重要命题。离开乡村内生发展的振兴将难以持续，乡村性也难以维持，使乡村转型与重构的动力基础不牢。长期以来，以项目制输入为代表的外缘动力介入乡村发展虽起到短期发展的效果，但乡村自适应发展能力仍是短板。以内生发展能力提升为工具、以内生发展渠道构建为手段、以内生发展参与机制营造为目标，构建乡村内生发展路径将有效完善乡村发展动力基础，夯实乡村振兴可行路径。乡村内生发展与乡村自然资源本底和地域特征密不可分，基于乡村空间开发与利用的内生动力培育具有现实的可操作性与必要性。乡村内生发展路径深化可从“主体培育、产业发展、权利分配”寻找突破口（戈大专和陆玉麒，2021；Cejudo and Navarro，2020）。乡村发展主体既包含以“小农户”为核心的分散主体，也包含乡村新型主体（乡村能人、企业主、工商户等）。乡村空间治理与主体培育主要通过明确多元主体权责、多元主体协商议事、多元主体对接市场展开。乡村产业发展可通过空间治理对产业空间供给、产业资本供给、产业风险化解等几个方面施加影响，进而为乡村内生产业发展提供动力。乡村空间治理瞄准国土空间不合理利用形态，通过实施全域土地综合整治实现土地利用结构调整和功能优化，进而凸显地域空间特色，完善乡村内生发展基础。通过空间治理开辟产业振兴新空间，解决产业用地短缺问题，打通乡村空间价值多元实现路径，培育产业发展增长极。针对乡村生态空间进行综合治理，将完善乡村地域系统的整体功能，凸显乡村空间综合价值，全面服务乡村生态振兴诉求。

空间治理带来乡村空间权利生成、实现和分配的体系优化，有利于保障乡村内生发展路径的实践。落实空间资源向空间价值的转化过程，契合了乡村内生发展的现实诉求。乡村空间治理推动城乡空间“同价同权”，通过空间用途分区与管制制度保障空间价值生成的合理性，落实空间价值公正配置（张京祥和夏天慈，2019）。空间权利的实现方式除了空间价值变现，也包含价值实现创新和价值分配高效。空间权属治理重点解决空间权利关系模糊和空间权利落地缺失抓手等问题，有利于打通乡村空间权利的实现路径。空间权利公平和有效分配是保障乡村内生发展的重要环节，进而协调不同利益主体参与乡村建设的积极性和主动性，改善乡村发展“权利真空”和“主体缺少”的状态。乡村空间治理通过明晰空间产权关系、明确多元主体经济利益来确立乡村发展权益的分配机制，完善乡村空间价值体系，拓展空间价值实现方式，提升空间价值分配效益。通过空间权利分配，突出乡村空间的生态价值和社会价值，进而完善乡村内生发展的支撑体系（图 6-3）。

6.3.3　组织强化路径

乡村空间治理强化乡村组织能力对破解乡村衰退趋势具有重要作用。乡村组织体系衰落面临的核心问题是乡村人口流失产生的人才队伍紧缺和组织结构混乱。乡村空间治理以物质空间治理为基础，改善乡村地域系统结构，提升空间组织效率，理顺乡村空间组织体系。乡村权属治理明确不同乡村主体利益关系，明晰公共空间权属体系，优化乡村社会空间关系，激发乡村多元主体参与发展的活力，落实乡村空间文化传承。受制于组织体系不畅的振兴难题，乡村空间治理从乡村物质空间和乡村空间关系两方面出发，破解乡村发展中的组织困境。一方面改善乡村发展组织散乱的状态，构建乡村三生空间的高效组织方式；另一方面优化农村基本经营制度，在保证农村集体经营制度有效运转的前提下，从乡村空间组织入手强化对分散农户的重组，发展新型农村集体经济，强化村“两委”的领导作用，进而提升乡村基层组织力，深化“多治合一”与“智慧治理”，夯实基层执政基础。乡村空间组织治理打破乡村发展多元主体难以参与乡村振兴的桎梏，为乡村组织振兴提供治理保障。空间组织治理通过重建空间关系网络、重组组织运转体系、调动多元主体参与推进乡村振兴。

通过组织体系重组提振乡村发展能力，可采取新型农户组织、村庄运营体系和集体统筹经营加以落实。当前，培育多元主体参与乡村振兴缺乏有效可行的组织渠道，分散农户无法及时对接市场的变化，企业主难以统筹应对乡村治理困境，多级政府“自上而下”的治理体系在基层缺乏落地抓手。乡村空间治理导向的组织强化过程破解了当前乡村振兴面临的组织困境。以强化集体统筹经营能力为目标的组织体系重组，为落实“产业兴旺、生态宜居、乡风文明、治理有效、生活富裕”总体目标创造条件。集体经济和农户合作组织统筹能力增强，有利于乡村产业的升级与再造，也为完善乡村自治体系提供空间载体。在深入推进农村土地制度改革、创新农村集体经营性用地制度和乡村生态用地科学保护的前提下，空间治理既能保障农民集体经济收益的提高，也能服务生态宜居目标。乡村组织体系重组对落实乡风文明和治理有效目标具有直接作用，乡村文化体系传承和可持续性乡村保护有例可循，对落实治理有效目标和防止“公地悲剧”更具可行性。集体经济组织统筹能力与乡村公共服务配置和供给能力有关，强化组织力将为生活富裕目标的落实提供保障（周国华等，2018）（图 6-3）。

6.4　面向乡村振兴的空间治理策略

面向乡村振兴的空间治理策略体系是实现乡村空间治理目标、落实乡村振兴战略的重要内容。乡村空间治理以全域乡村空间为治理对象，乡村国土空间及其承载的空间权属和空间关系治理是其核心内容。构建完善的乡村空间治理策略与国家空间治理体系优化紧密相关，《中共中央 国务院关于建立国土空间规划体系并监督实施的若干意见》和《自然资源部办公厅关于加强村庄规划促进乡村振兴的通知》要求编制“多规合一”的实用性村庄规划，并试图通过规划构建“全域、全要素、全类型”的乡村国土空间用途管制体系。当前，乡村规划实施缺位导致发展粗放，叠加粮食安全、村庄人居环境整治、基础设施和公共服务完善等压力，对乡村空间治理提出了更高要求。多元主体参与乡村规划与运营是落实空间治理目标的重要手段，并服务于组织强化路径构建。统筹乡村空间用途管制的“刚性约束”与“弹性引导”需将乡村空间权利的共享机制囊括进去，进而推进乡村空间治理激发乡村内生发展动力，疏通城乡发展要素流通的渠道。面向乡村振兴的空间治理策略应瞄准现实需求、实际的可操作性、目标的紧迫性加以设计（文琦等，2019）。本节尝试从“上下结合型”“多元主体参与型”“权利共享型”三个层面探索空间治理策略体系。

6.4.1　“上下结合型”空间治理与乡村振兴

“上下结合型”空间治理逻辑为应对乡村振兴面临的空间挑战和组织挑战提供解决方案。传统的“自上而下”空间治理模式从国土空间管控层级传导目标出发，强调顶层治理政策对于多级空间用途管制的传导，并且与各级政府的事权体系相匹配。乡村空间因处底层空间，缺乏事权，也难以对空间实现有效管控，难以支撑当前乡村振兴的现实诉求。“自下而上”的空间治理重点在于对破碎化、低效化、模糊化的空间进行有效治理，并且通过主体参与、乡村规划、用途管制等措施加以落实。构建“自上而下”和“自下而上”相结合的乡村空间治理体系，有利于顶层管控政策的传导与基层治理诉求相结合，将多级政府事权体系与乡村空间综合治理结合起来，在多方博弈中实现空间开发权利的合理配置。“上下结合型”空间治理策略的重点在于将底层空间发展诉求以合理方式实现反馈，进而保障乡村发展的空间诉求。“上下结合型”空间治理策略有利于推进多元主体有效参与空间治理，进而满足乡村振兴发展的组织需求（戈大专和陆玉麒，2021）。

“上下结合型”空间治理推动城乡关系重构有利于落实振兴政策。现有国土空间规划体系中落实乡村优先发展的体制和机制不健全，城乡空间的差异化所有权实现方案与城乡空间一体化治理体制机制不完善成为新时期阻碍城乡共治、抑制城乡融合共进的主要屏障。“上下结合型”空间一体化治理体系与规划事权划分紧密结合，是保证城乡融合发展目标和乡村振兴政策落实的重要保障。适应减量化发展、高效化利用、生态化保护的现实需求（张京祥和夏天慈，2019），在明确乡村国土空间管控目标的前提下，落实国土空间规划“三区三线”的约束性指标传导、构建“刚性约束”与“弹性引导”结合的管控策略、探索适应乡村振兴需求的管控体系、满足农村一二三产业融合发展的产业发展空间诉求、对接农村土地制度改革的衔接管控体系等，进而完善乡村振兴的支撑体系（图 6-4）。

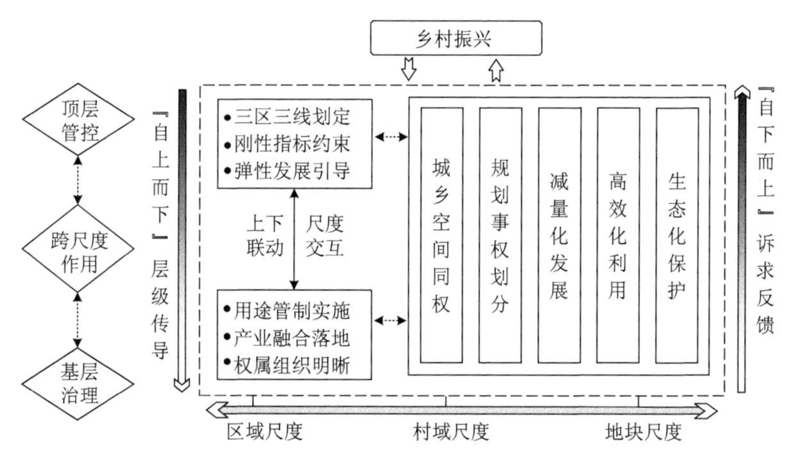

图 6-4　“上下结合型”空间治理与乡村振兴

空间治理的跨尺度效应与“上下结合型”空间治理策略相匹配将显著改善乡村振兴的基础条件。现代通信和交通网络带来的“时空压缩”使城乡发展要素可以实现跨空间尺度的传递，乡村空间治理在新技术体系下的“跨尺度作用”为乡村发展带来全新机遇（樊杰，2020）。乡村空间治理畅通乡村内部组织体系，强化群体的自我组织能力和自我学习能力，这将为外部发展要素进入乡村、快速传播并起到激发效用提供保障。在跨尺度空间治理视角下，乡村空间治理推动乡村治理实现尺度连通，确保多元主体参与乡村转型发展路径的有效性。乡村空间治理地域多样性也随着地域空间影响因素的跨尺度传导趋于复杂，乡村地域系统的内外因素交互影响、远程耦合、跨尺度作用也对乡村空间治理尺度选择提出更高要求。选择合适的尺度开展乡村空间治理，形成不同尺度间治理措施的有效传导，将是未来重要的优化方向。乡村振兴应该是城市和乡村共同发展视域下的城乡融合过程，“上下结合型”空间治理与跨尺度要素流动为城乡融合发展提供发展路径，而跨尺度作用的空间治理为乡村振兴发展提供机制保障。

6.4.2　“多元主体参与型”空间治理与乡村振兴

多元主体参与空间治理的渠道、能力与效应构成乡村振兴推进的有力保障。以分散农户为代表的社会主体、多级政府为代表的行政主体、资本和企业主为代表的市场主体，分别构成了“社会力”“政府力”“市场力”多元博弈主体（张京祥和陈浩，2014）。乡村发展不同阶段多元主体博弈格局因时而异，如何调动多元主体参与空间治理的积极性和可靠性与空间治理制度设计相关。以农户为代表的“社会力”博弈能力越强，越有利于提高乡村空间价值服务乡村振兴的能力。“政府力”与空间事权关系有关，并且成为左右空间治理转型方向的关键力量，“政府力”越强，其他主体力量则越弱。“市场力”越活跃的地区，城乡发展要素流动越频繁，乡村发展的活力越强。“多元主体参与型”空间治理需要在培育“社会力”、监督“政府力”、引导“市场力”方面做好文章，统筹优化多元主体的博弈力量，形成合力，推动乡村振兴动力集聚。多元主体在乡村空间治理中的参与程度越高，越有利于建立多元力量协同作用机制。多元力量与多元主体协同应以服务本地乡村振兴为第一要务，落实多元力量协同需要提升“市场力”在城乡发展要素流动中的牵引作用，也要明确资本下乡的管控渠道，防止资本“跑马圈地”。此外，“社会力”和“政府力”在乡村空间治理过程中需强化机制的创新，落实管控治理清单与议事协商制度，全面推进乡村空间治理水平和能力的提升。“社会力”的强弱与农户组织体系、社会自组织能力、空间产权配置体系相关，并服务于内生动力培育和组织能力强化。多元主体在空间开发中进行博弈，进而推动空间发展目标的实现和公平权益体系的建设，完善了乡村振兴的体制与机制。

“多元主体参与型”空间治理的效应体系与主体间博弈关系相关，并作用于乡村振兴路径的实现。乡村可持续振兴与农户可持续生计体系的构建直接相关，如何完善农户生计体系，增强农户应对风险的扰动能力，进而服务乡村可持续振兴的诉求，可从多元主体博弈的关系入手寻找突破口（戈大专和陆玉麒，2021）。“市场力”与“政府力”应以提升“社会力”为核心目标，强化市场收益的本地化和多级分配体系的构建，这将有利于完善以农户自组织为特征的振兴体系（李小建等，2021）。农户自组织模式与博弈能力的培养将决定乡村空间开发利用的方向，并且能够影响“政府力”在基层空间治理中的作用效果。多元主体参与乡村空间治理需要强化对博弈弱势群体的保护和强势群体的约束，多元主体的多轮博弈虽然有可能在一定程度上降低空间治理的效率，但持续且有效的参与机制将为构建可持续的乡村振兴渠道奠定基础。此外，多元主体参与乡村空间形态的改造过程，不能脱离本地自然资源环境的约束，需要强化尊重资源环境承载能力和本地社会文化适应性的乡村空间治理举措。多元主体的博弈过程也是完善乡村空间治理体系和健全制度的过程，有利于防止部分力量的压倒性优势带来的力量失衡。

6.4.3　“权利共享型”空间治理与乡村振兴

空间权利是推动乡村振兴的基础保障，空间权利共享过程是优化空间社会经济关系的重要手段，也是乡村空间治理需要突破的重要领域。空间治理落实权利共享的机制和手段创新，同乡村空间发展权的供给、财产权的分配、参与权的博弈有关（黄贤金，2021）。城乡空间发展权利的差异格局成为乡村空间发展权利受到挤压与侵占的重要表征，乡村空间发展权利缺失与供给不足是乡村发展不充分、城乡差异显著的重要诱因。空间发展权利共享与空间财产配置及权利的公平分配相辅相成，没有乡村空间价值的显化和空间财产权的配置，乡村空间发展权的落实将难以实现。同样，空间发展权的持续供给是破解乡村空间价值低效化、财产价值被严重低估问题的突破口。空间发展权和财产权的公平配置，将为落实多元主体空间参与权的博弈创造条件。参与权的落实与共享是乡村空间治理保障乡村振兴组织与机制构建的核心，农户作为乡村空间治理的核心社会主体，创新农户参与空间治理的共享机制和模式，将为落实乡村振兴提供组织保障，进而服务组织强化路径的实施（图 6-5）。

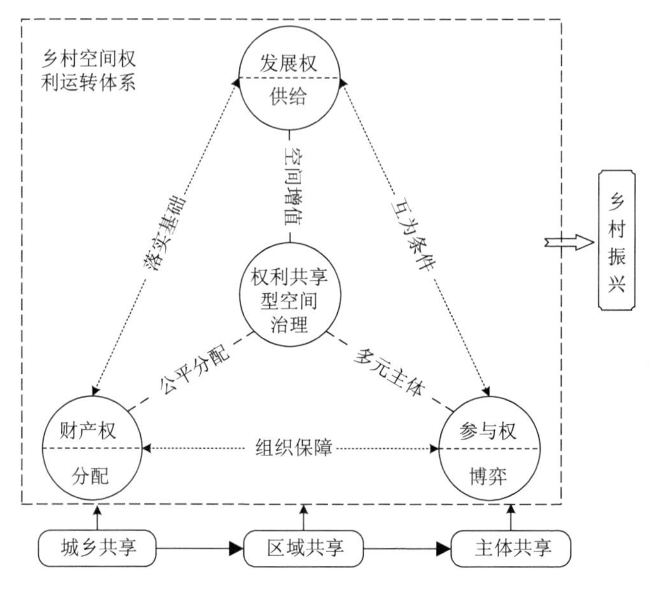

图 6-5　“权利共享型”空间治理与乡村振兴

“权利共享型”空间治理可在城乡共享、区域共享和主体共享中落实乡村振兴目标。空间发展权城乡转移和区域配置将为欠发达地区的乡村提供振兴急需的资金保障，基于空间用途管制政策创新推动空间发展权的主体博弈，进而以空间发展权的公平供给推动乡村振兴政策的落实。自然资源管理的制度创新是乡村空间权利共享策略落实的重要手段，结合激励和约束等不同类型的制度配套，创新空间开发权利、空间财产权的实现方式。主体共享机制的核心是落实乡村空间发展权、财产权和参与权在不同利益主体间的分配，保障乡村空间价值增值是推进发展权落实的核心诉求。空间财产权在主体间的公平分配和空间参与权的多元主体路径优化，均成为推进乡村振兴的重要依据。

自然资源本底的承载力和国土空间开发的适应性成为明确空间开发主导功能的核心依据，进而成为区域乡村空间治理的主导性用途管制策略，乡村地域主导功能和空间开发时序则是乡村空间发展权利差异的重要来源。农业生产主导型与非农业生产主导型乡村空间价值具有天然的差异，发达地区与欠发达地区的乡村空间权利在多种因素作用下而显著不同。此外，乡村空间开发时序的差异也是乡村空间权利区域差异的内在生成机制，先期开发地区占有区域和政策管控优势，而后发地区的管控强度更大、空间权利约束条件更多。乡村地域主导功能差异带来的空间权利冲突需要在跨区域空间权利交换中创新机制，强化乡村空间综合价值核算的理论和实践研究，探索乡村空间综合价值变现与交易核算路径。乡村空间权利共享需要在国家顶层空间权利分配上探索新方法，其中乡村空间发展权和参与权的共享需要在城乡空间权利分配中创新落实路径，探索乡村空间权益的跨区域和跨尺度流动，以落实“权利共享型”空间治理策略。乡村空间财产权的配置与空间权益实现方式密切相关，应开辟乡村空间多元利用方式、综合开发渠道，突出乡村空间复合功能和价值，推动乡村空间财产权与收益分配权落地。

6.5　乡村空间治理驱动乡村振兴的香埠村实践

6.5.1　香埠村概况

香埠村位于江苏省徐州市邳州市东南部，户籍人口 3060 人，耕地面积 3034 亩，人均耕地面积约 1 亩，是较为典型的农业生产型村庄。邳州市位于苏北地区，是传统农业型乡村发展地区，能够较好地代表中国农业型乡村地区发展面临的困境和突围路径。2000～2017 年，邳州市长期外出务工的人口由 7.59 万人快速增加到 49.47 万人，人口结构呈现出明显而典型的外流特征。同期，邳州市第一产业占比迅速由 39.7%下降到 13.9%，年均下降 1.43 个百分点。邳州市作为中国苏北传统农区的典型县域，产业转型进程滞后于全国平均水平。城乡转型发展进程中，邳州市在乡村空间利用过程中出现了公共资源为少数人垄断享用的现象。乡村基层治理中出现治理主体责任不明、村支“两委”班子软弱涣散、党群干群关系不密等各种乱象。2016 年以来，邳州市大规模开展以乡村公共空间治理为代表的政府主导型乡村建设运动，显著改变了乡村多元主体的博弈过程，重构了村支“两委”的地位和治理模式。乡村空间治理成效与乡村转型发展进入良性轨道。全市发展靠后的 50 个经济薄弱村，在 2019 年集体增收超过 20 万元，显著改变了发展面貌。

从香埠村的发展历史可以看出，其自身发展能力有限，外援发展要素较少。2016 年以来，香埠村在全市开展的乡村空间治理运动中逐渐找准定位，以公共空间治理撬动乡村发展资源，使得该村逐渐摆脱经济薄弱村的帽子，并一跃成为快速发展类村庄。该村在开展乡村空间治理过程中以村支“两委”为代表的主体治理能力不断提升。2017 年，该村成立集体农业开发公司，通过流转村民土地开展规模化经营，建设稻米加工厂房，进行粮食深加工，推出富硒生态稻米品牌。2018 年，村内建成居家养老服务中心，乡村生产和生活进入转型快车道。香埠村以乡村空间治理为契机，推动乡村转型发展，为空间治理导向的乡村转型发展内在机制研究提供了较好的案例。

6.5.2 香埠村空间治理过程

香埠村为推进乡村空间治理政策的落地，逐步形成了多尺度传导和多手段治理交互的综合治理路径。村庄以乡村空间治理与国家集体产权改革政策和乡村振兴战略的实施为指引，在落实县域乡村公共空间治理的过程中，将乡村综合治理作为核心思想，在村域范围内开展全方位的治理活动（图 6-6）。以地块尺度的土地利用综合治理为突破口，从强化乡村空间权属关系和组织模式入手，推动乡村空间利用结构和功能优化，通过空间价值增值和价值显

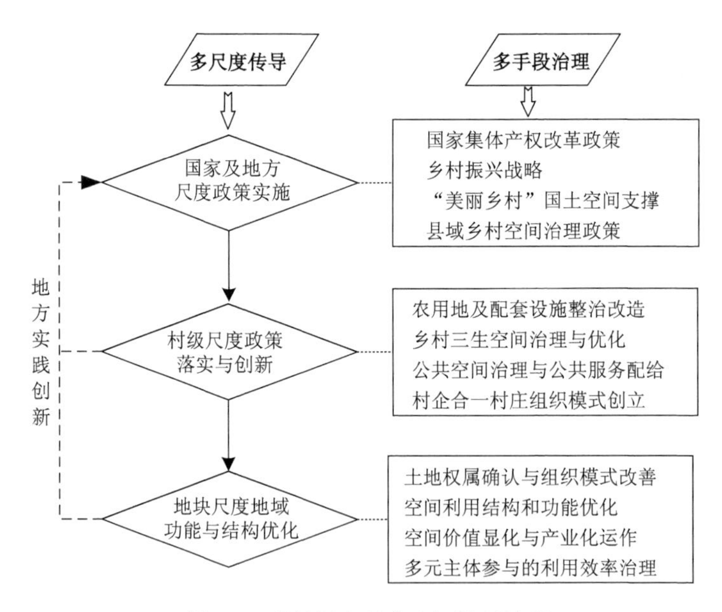

图 6-6 香埠村多尺度空间治理过程

化吸引多元主体参与乡村空间综合治理过程。村域尺度上，“自下而上”的治理路径设计使乡村集体组织能力、公共服务能力、集体资产价值等方面显著提升，乡村空间治理以村域为单位，推动香埠村实现转型发展（Sun et al.，2021）。

香埠村空间治理的显著特征是将物质空间治理、空间权属治理和空间组织治理有机结合起来，产生合力，共同提升乡村空间的开发效能。香埠村通过高标准农田建设和土地综合整治改善了耕地耕作条件，通过明晰耕地流转前后的利益分配机制确保了耕地流转的有序进行。有效管控因土地整治新增耕地的权属划分（新增的 7%的耕地作为村集体资产进行管理），有利于村集体的资产增值和影响增强。香埠村耕地的综合治理推动粮食生产组织模式由分散经营向多种经营模式转型，乡村生产组织跳出小农分散经营的核心组织方式，向现代农业生产方式迈进。乡村空间治理利用耕地整治、空废用地盘活、公共空间治理等手段，进一步提升了乡村空间的利用效率。村庄道路设施、水利设施、粮食加工仓储等生产条件在乡村空间治理中均有明显改善，进而催生了集体农业开发公司在此开展粮食生产综合开发，以打造富硒稻米品牌为突破口，溢出耕地的集体经营方案和“村企合一”的生产组织模式显著改变了香埠村原先的生产、组织、经营模式。

乡村公共空间的综合治理，改变了乡村空间低效和无序的利用状态，重构了乡村空间权益体系，为落实乡村空间“自下而上”的综合治理路径提供可能。香埠村内荒废和低效使用的公共空间治理核心是重新确立权属关系，打破长期被少部分人无偿占据的历史遗留问题，进而推动乡村空间组织实现重组。例如，香埠村 2003 年撤并掉的小学校舍长期荒废，没有得到有效的利用（该村废弃的小学校舍长期被已经退出村“两委”的村民据为己用）。2017 年村集体成立农业开发公司，收回承包给个体户的原小学校舍，建设农业公司驻地 7200 m^2，改扩建办公区、库房、富硒米包装车间 860 m^2。此外，修缮了部分小学校舍，改造校舍为村委活动中心、养老服务中心，扩展和提高村内的公共服务范围和水平。通过以上空间权属和组织治理，香埠村公共空间价值显著提升，村庄集体组织运营水平迈上了新台阶。

香埠村多尺度和多手段空间治理方案的落地，强化了物质空间治理与空间关系治理的重要性，突出了乡村空间治理的社会经济属性。在村内空闲地被大量占用转为农村建设用地的过程中，大量社会关系矛盾被放大，部分村庄公共利益被少部分既得利益群体占据，主要表现为低值和无偿占用、扩大宅基地面积、擅自改变土地利用用途（如在农村宅基地上建设厂房和仓库）等。香埠村在开展乡村空间治理的过程中，清理了被占用的乡村空间，共收回河、坡、路、堰等公共用地200余亩，新建农村文化广场，安置休闲娱乐设施，显著改善了乡村空间的结构和特征（图6-7）。在村干部、政府、企业主、村民等多方利益相关方博弈的情况下，沿河占用公共空间建设的厂房被顺利拆除，并建成了村内的篮球场，实现了乡村空间的重构。香埠村公共活动空间的扩大、服务能力的提升也改善了乡村关系网络。

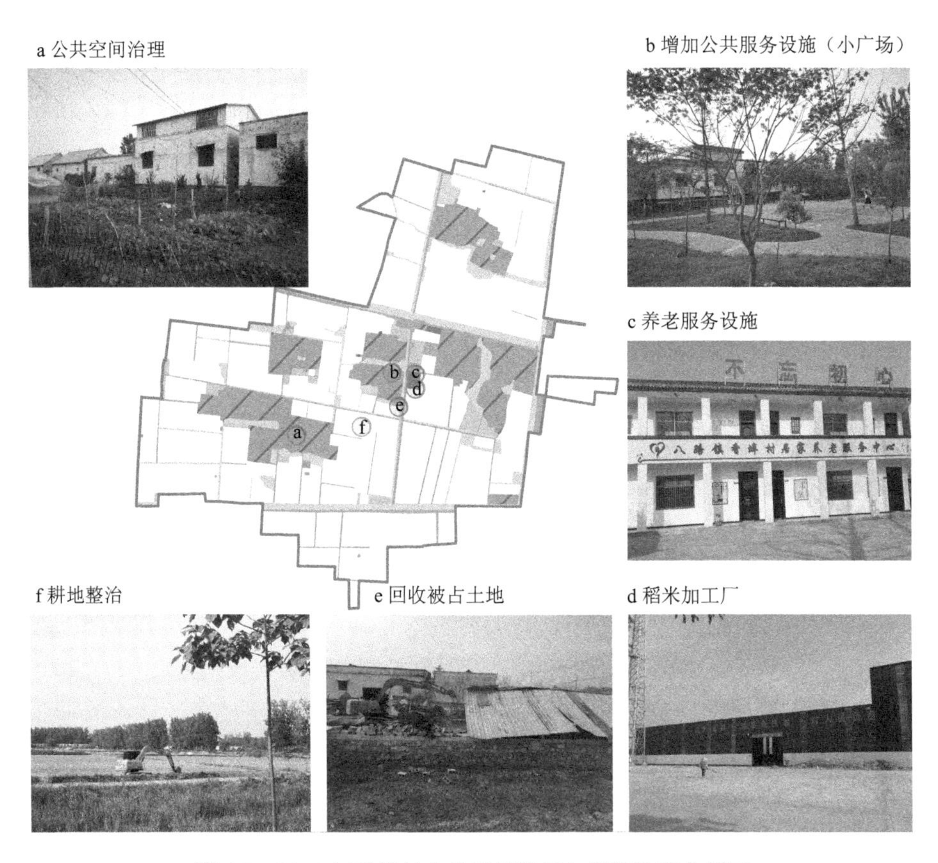

图6-7　2019年香埠村土地利用格局与空间治理典型区

扫一扫，看彩图

6.5.3　香埠村空间治理的空间效能

香埠村空间治理带来的空间权利重组过程伴随着集体权力的延伸与空间权利的分配，形成了农区空间权益分配的新模式。香埠村空间治理过程与区域尺度上政府主导、项目下乡密切相关，项目制导向的空间治理过程将村干部的个人意志、乡村精英的利益诉求、规划机构的乡村规划、村民返乡的城镇化建设意愿等多重因素叠加在一起，共同推进香埠村多元主体参与的权利重组过程。香埠村结合“农业项目资金、镇政府支持资金、村集体资金、村干部集资资金和银行融资”多源资本，成立集体农业开发公司，开发了“七彩银杏湖”富硒大米品牌，开展品牌化的农副产品营销策略，深刻改变了原有分散经营的农业生产体系，集体权利分配意愿得到强化。领导干部主导的村支“两委”重塑了本村公共空间的权利分配机制，进一步强化了政府主导的集体权力对乡村空间权利的分配能力。

香埠村空间关系在空间治理过程中由“弱联系”向“强联系”转型，空间关系及其参与主体的关系网络由简单到复杂、由松散到紧密。香埠村空间治理下的政府、村干部、农户、乡村精英（返乡农户等）等多元主体参与到乡村建设中来，多元主体参与的空间治理过程强化了综合博弈，使得多元主体参与的空间关系更加多样化和复杂化。“村企合一”的农业生产组织模式、耕地流转背景下的规模化种植、村集体兴办与运营的公共服务设施均强化了以集体为核心的社会关系网络。基于空间“物质-权属-组织”的综合治理，香埠村物质空间及其承载的空间关系网络结合多元主体参与的积极性和能动性在空间权利重组的基础上得到释放。空间关系活跃程度的提升为突破长期以来乡村发展空心化、城乡发展要素配给失衡、村庄发展缺乏活力和动力提供解决方案。

香埠村空间治理带来的空间效益完善过程主要表现为结构完善和整体效益提升。乡村空间治理带来的空间效益（经济效益、社会效益和生态效益）结构改变，有利于完善乡村地域结构和功能体系，推动空间效益最大化。香埠村空间治理推动村内空间由要素流失到资源集聚（人口组织力和吸引力增加）、由结构失调到统筹协调（三生空间结构优化）、由功能紊乱到系统提升（乡村空间功能由粮食生产和居住为主向功能多样化转型）。香埠村空间效益的结构演化推动空间整体权益由低值垄断到高值共享，乡村空间的经济效益得到了有效释放，空间经济效益的最大化为保障传统农业型村庄的转型升级创造了有利条件。香埠村空间经济效益的显化过程，为推动全村“社会-生态”耦合的系统转型提供可能。此外，香埠村空间治理推动空间组织由无序混乱到有序统筹，全方位地提升空间的社会效益和生态效益，乡村空间整体效益不断提高，空间效益与空间发展权得到了保障。

6.5.4　香埠村空间治理导向的乡村转型机制

1. 香埠村人口转型与乡村转型发展内在机制

多元主体参与的乡村空间治理过程，提升了香埠村个体权利主张的能动性、多元主体博弈的可能性、人口回流创业的积极性。香埠村人口转型过程为剖析香埠村人地关系演化背景下的转型发展内在机制提供依据。香埠村多元主体参与下的空间治理过程为聚拢生产资源、激发生产积极性与效率、开拓产业前景提供有效路径。香埠村乡村空间治理的关键是推动小农生计型、兼业型、分散型农业生产经营模式向农场化、专业化、市场化转型，改变了以小农分散经营为核心的传统生产组织模式。空间治理深化农业生产的社会化服务组织体系建设，为市场、企业、乡村精英、返乡农户、村干部等多元主体参与乡村生产体系创造条件。以上分析从多元主体参与下的生产组织模式转型出发，探索了空间治理带来的人口转型进程，已经成为影响香埠村转型发展进程的重要力量。多元主体博弈下的乡村经营格局，显著改善了传统农区人口空心化带来的人力资本短缺状况（图 6-8）。

政府主导的“自上而下”乡村空间治理过程与多元主体博弈的“自下而上”治理路径相结合，推动香埠村人口转型朝着可持续方向发展。空间治理过程中治理主导权力下乡过程，加之项目下乡推动村干部掌握资源的权力不断扩大，村庄公权力代表的统筹能力在增强，乡村生产组织能力不断提升，多元主体参与下的博弈过程激发了部分民众的主人翁意识，乡村松散面貌大为改观。在多元主体博弈的乡村空间治理过程中权力得以凸显，公众利益得到有效保障，社会公平得以促进，公共产品供给增加。此外，在大规模外出务工人员中逐渐涌现出部分乡村精英，这部分精英群体有参与乡村建设的意愿和能力，也成为香埠村多元主体博弈的重要组成部分。部分具有较好经济实力的企业主，在香埠村寻找产业发展空间，因其具有较强的资金实力和博

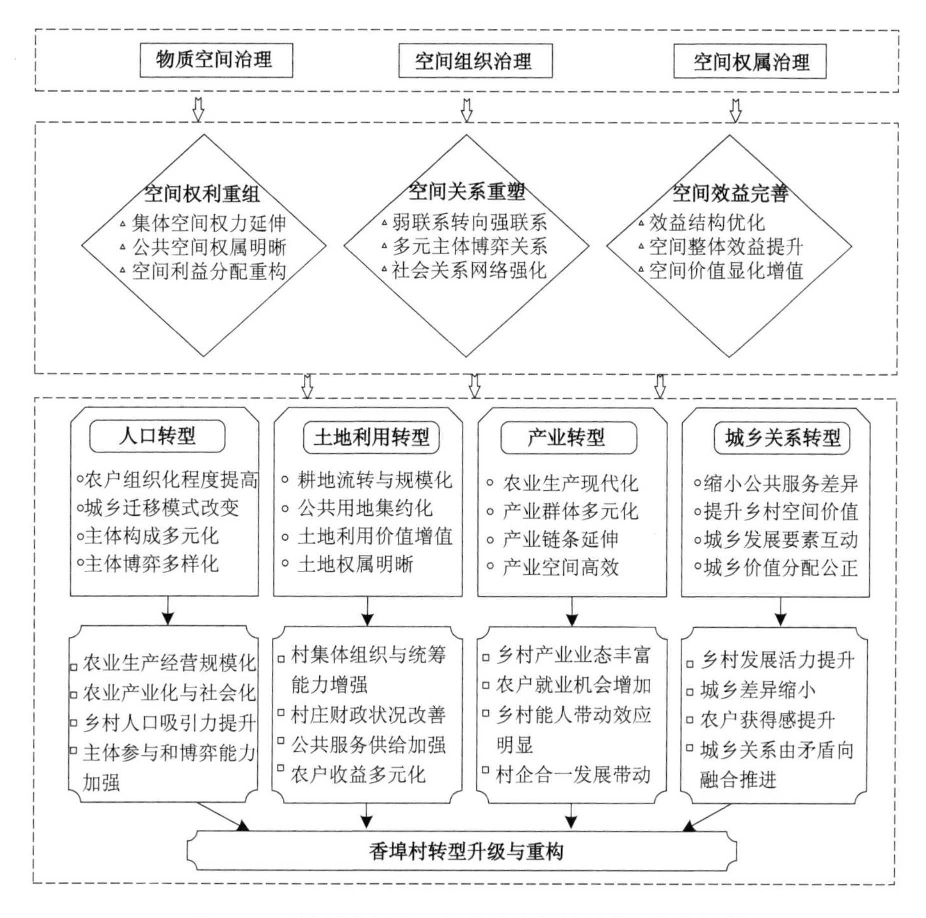

图 6-8　香埠村空间治理导向的乡村转型发展内在机制

弈能力，也参与到了该村多元主体的博弈中来。以人口转型为代表的空间关系演变过程，成为推动乡村转型发展的重要力量，改善了香埠村人力资本、物质资本短缺的状态。

2. 香埠村土地利用转型与乡村转型发展内在机制

香埠村空间治理改变村域土地利用转型与乡村转型发展的耦合关系，土地利用转型通过优化乡村地域功能和结构特征优化乡村发展基础、扭转乡村发展路径。土地利用转型研究关注区域土地利用形态的趋势性及规律性变化过程，将土地利用形态的变化与经济社会发展阶段的演替过程相对应，突出了土地利用变化与社会经济发展的耦合特征。香埠村空间综合治理过程改变了村域土地利用形态的变化趋势，以农用地、生态用地、产业用地治理为核心，村域土地利用形态和空间权利分配发生了显著的变化，与之对应的村域社会经济发展格局也快速变化，乡村转型发展进入快车道。究其核心原因，需要从空间治理带来的村域土地利用形态改变入手，深入分析土地利用形态演变与地域功能和结构演化互动关系，进而有效理解土地利用转型与乡村转型发展的内在机制。

香埠村空间治理面向空间利用中表现出的空间受限、权属不明和低效组织等问题，从破解空间的价值分配体系、权属关系特征、多元组织机制、投入产出模式等内容入手，尝试优化不适应乡村发展的乡村土地利用形态。香埠村空间治理的显著特征是在政府主导的同时，“自下而上”完善多元主体参与乡村土地利用的博弈机制，使得乡村土地利用格局冲突更加明显，有利于土地利用价值的最大化，进而推动乡村空间功能提升和结构完善。以村内公共空间治理为线索，公共空间治理改变了土地利用的权属关系和价值分配体系，重构了乡村集体组织能力，为增强乡村发展领导力和统筹能力起到重要作用，成为改变乡村运营体系的核心因素（图 6-8）。

乡村空间（尤其是公共空间）权属关系明晰，有利于空间权利的重组，为多元主体参与粮食生产、完善粮食生产收益分配体系铺平道路。2020 年，香埠村耕地流转比例超过 40%，流转的耕地主要流向专业种植大户、企业和合作社等，未来自己耕种的农户比例将会减少。伴随耕地和宅基地利用转型，乡村空间组织和农户生产组织模式发生了本质性变化。2018 年，村集体运营的农业开发公司从农户手中流转 500 余亩土地进行统一的规模化经营。在土地规模化运营过程中，耕地面积溢出了 7%左右，这部分溢出的增值收益也全部留作公司所有。以农业公司开发为重要节点性事件，为剖析该村土地利用与乡村转型发展内在机制提供强有力的支撑，即土地利用形态的变化能够成为主导乡村转型发展趋势的核心力量。

3. 香埠村产业转型与乡村转型发展内在机制

香埠村空间治理改变空间组织运营体系和空间关系过程，为改变传统农业生产模式提供有效方案。香埠村空间治理实践在提升粮食生产效率、稳定收入效益、改善生产组织体系、保障生态承载能力等方面成效显著，在乡村发展方面主要表现为村庄生产空间的拓展、生产模式的改进和生产组织的完善，推动了粮食生产与乡村发展良性互动。此外，乡村空间治理将香埠村集约化粮食生产模式改为走生态高效型发展路线，为摆脱过度集约化带来的生态环境恶化提供可能。经过空间治理，强化了该村粮食生产转型趋势，同时以之为“跳板”，改造了该村的空间结构、产业水平与社会面貌，显化了粮食生产的多维效益，推动了香埠村的综合发展，证明了“乡村-粮食”的共赢路径。由此有助于从空间治理出发，搭建粮食生产与乡村发展良性互动的轨道，进而保障粮食生产转型的持续顺利推进（图 6-8）。

香埠村以公共空间治理为代表的空间权利重组过程，为经济薄弱村开展产业化发展提供了经济基础、组织基础和物质空间基础。长期以来，香埠村产业发展的吸引力不够强，难以吸纳较多年轻人留乡就业。村集体资金不足，筹措资金难度较大，阻碍了乡村产业发展，难以承担大刀阔斧地重构乡村生产和生活空间的经济成本。香埠村通过空间治理培育了乡村多元博弈主体，为增强乡村空间治理的公平与正义创造条件。香埠村积极推进农业产业化与现代化，产业结构得到优化。2018 年，回乡创业人士在村内以租赁废弃厂房为基础，吸纳村内老年人开展蘑菇深加工分拣工作（图 6-9）。以回乡创业能人为代表的乡村精英群体的出现，显著改变了以村干部为绝对权力核心的乡村治理体系。私人企业主和乡村创业能人为代表的乡村多元博弈主体，能参与乡村空间生产与治理的互动作用中来，是保障未来香埠村持续发展的关键。新兴多元博弈主体的出现也改变了该村空间组织治理的操作模式，推动乡村治理监督体系的完善。

图 6-9　村办企业与村民自主择业

4. 城乡关系转型与乡村转型发展内在机制

香埠村空间治理带来的乡村价值显化与空间权益重配体系为推进乡村转型发展创造有利条件。前文提到，城乡关系不平等的核心原因是空间价值及其分配体系的不对等，乡村空间价值无法显化和难以有效流通是限制乡村发展权的重要因素。香埠村通过空间治理增加了可供村集体处置的有价资产，通过资金运作为经济薄弱村增加收入来源，通过改善村庄公共服务的面貌提供物质基础。香埠村养老服务中心和残疾人之家等社会福利性设施及场所的出现，进一步丰富了乡村生活空间类型。作为传统自给型农业生产村庄，乡村养老和生活维系仍以家庭负担为核心。在村内生活广场的开辟与路灯的配备基础上，改建乡村养老服务设施和空间，使村民看到了传统农耕型村庄生活空间的改善和公共产品供给的起步。香埠村在乡村空间治理中以项目下乡和村干部参股等形式形成的乡村公共产品供给模式，显著改善了村庄空间格局。以上这些面貌的改善与空间治理带来的城乡关系优化有着密切关系，也为改善乡村转型发展的趋势提供其他可能（图 6-8）。

结合国家厕所革命的惠农政策，香埠村近三年（2017～2019 年）积极推进农村改厕，原本房前屋后的旱厕在整治之后有许多变成了农户的自留地，腾出了一部分生活空间。自 2018 年以来，村内水厕进户进院取得明显成效，现已有 70%左右的农户拥有改造之后的水厕，剩余 30%左右的厕所仍在户外，但都是经过改造之后的无公害厕所。此外，香埠村还建设了 3 个公共水冲式厕所。厕所改造给香埠村的生活空间带来了显著的改善，且长期维护的成本仍需公共资源持续的投入。香埠村转型发展出现的新趋势及后续可持续的运营，都需要在城乡关系格局改善的背景下，构建本村持续发展的动力源和发展通道。

参考文献

陈秧分，刘玉，李裕瑞. 2019. 中国乡村振兴背景下的农业发展状态与产业兴旺途径[J]. 地理研究, 38(3): 632-642.

樊杰. 2020. 我国“十四五”时期高质量发展的国土空间治理与区域经济布局[J]. 中国科学院院刊, 35(7): 796-805.

戈大专，龙花楼. 2020. 论乡村空间治理与城乡融合发展[J]. 地理学报, 75(6): 1272-1286.

戈大专, 陆玉麒. 2021. 面向国土空间规划的乡村空间治理机制与路径[J]. 地理学报, 76(6): 1422-1437.

黄贤金. 2021. 自然资源产权改革与国土空间治理创新[J]. 城市规划学刊, 2: 53-57.

李红波, 胡晓亮, 张小林, 等. 2018. 乡村空间辨析[J]. 地理科学进展, 37(5): 591-600.

李小建, 胡雪瑶, 史焱文, 等. 2021. 乡村振兴下的聚落研究: 来自经济地理学视角[J]. 地理科学进展, 40(1): 3-14.

刘彦随. 2007. 中国东部沿海地区乡村转型发展与新农村建设[J]. 地理学报, 62(6): 563-570.

刘彦随. 2018. 中国新时代城乡融合与乡村振兴[J]. 地理学报, 73(4): 637-650.

龙花楼. 2013. 论土地整治与乡村空间重构[J]. 地理学报, 68(8): 1019-1028.

龙花楼, 陈坤秋. 2021. 基于土地系统科学的土地利用转型与城乡融合发展[J]. 地理学报, 76(2): 295-309.

龙花楼, 戈大专, 王介勇. 2019. 土地利用转型与乡村转型发展耦合研究进展及展望[J]. 地理学报, 74(12): 2547-2559.

乔家君, 马玉玲. 2016. 城乡界面动态模型研究[J]. 地理研究, 35(12): 2283-2297.

唐承丽, 贺艳华, 周国华, 等. 2014. 基于生活质量导向的乡村聚落空间优化研究[J]. 地理学报, 69(10): 1459-1472.

文琦, 郑殿元, 施琳娜. 2019. 1949—2019 年中国乡村振兴主题演化过程与研究展望[J]. 地理科学进展, 38(9): 1272-1281.

杨忍, 潘瑜鑫. 2021. 中国县域乡村脆弱性空间特征与形成机制及对策[J]. 地理学报, 76(6): 1438-1454.

张京祥, 陈浩. 2014. 空间治理: 中国城乡规划转型的政治经济学[J]. 城市规划, 38(11): 9-15.

张京祥, 夏天慈. 2019. 治理现代化目标下国家空间规划体系的变迁与重构[J]. 自然资源学报, 34(10): 2040-2050.

周国华, 刘畅, 唐承丽, 等. 2018. 湖南乡村生活质量的空间格局及其影响因素[J]. 地理研究, 37(12): 2475-2489.

Cejudo E, Navarro F. 2020. Neoendogenous Development in European Rural Areas: Results and Lessons[M]. Switzerland: Springer.

Ge D Z, Zhou G P, Qiao W F, et al. 2020. Land use transition and rural spatial governance: Mechanism, framework and perspectives[J]. Journal of Geographical Sciences, 30(8): 1325-1340.

Sun P, Zhou L, Ge D, et al. 2021. How does spatial governance drive rural development in China's farming areas?[J]. Habitat International, 109: 102320.

第 7 章　乡村空间治理与土地利用转型

乡村空间利用问题是土地利用形态与乡村发展状态耦合关系不协调的重要表现。土地利用转型与乡村转型发展耦合关系不协调是乡村空间开发利用陷入困境的重要原因。土地利用转型为确定乡村空间治理时序、甄选空间治理目标和明确乡村空间治理手段提供依据。宅基地作为乡村生产生活的重要物质载体，是乡村空间治理的重要领域，其利用转型过程与乡村发展密切相关。

7.1　土地利用与乡村发展交互作用

7.1.1　土地利用转型研究进展

土地利用转型为研究区域人地相互作用关系及社会经济转型发展规律提供了新的视角。土地利用转型研究从土地利用变化中汲取可以反映区域土地利用形态的趋势性变化并进行规律性总结（Lambin and Meyfroidt，2010；Ge et al.，2020；Long and Qu，2018；龙花楼，2012），进而为揭示未来土地利用变化的方向、优化当前土地利用存在的问题、协调土地利用与社会经济发展之间的矛盾提供参考依据。值得一提的是，Foley 等（2005）在 *Science* 上发表的文章揭示了随着人类社会经济的发展土地利用转型所呈现出的阶段性，阐释了某一时段的区域土地利用形态与当时所处的区域经济社会发展阶段相对应这一土地利用形态的核心要义（Grainger，1995；龙花楼，2003）。Meyfroidt 等（2018）在 *Global Environmental Change* 上发表了关于土地系统变化的中层理论（middle-range theories），将土地利用转型作为解释土地利用形态平衡动态转移的非线性过程，并将土地利用转型理论作为近期土地系统科学的重要理论进展。

国内学者龙花楼及其团队较早引入了土地利用形态和土地利用转型的概念，并长期开展了土地利用转型的理论和实践研究（Long and Li，2012；Long and Qu，2018；龙花楼，2003，2012，2015），从土地利用显性形态和隐性形态的视角解析区域土地利用形态的内涵，系统建构了土地利用转型的理论分析框架和研究体系（Long and Qu，2018；龙花楼，2012）。当前，土地利用转型研究正由探讨单一地类土地利用形态的转型趋势，逐渐扩展到不同地类之间转型的互动关系研究；由关注土地利用转型的时空动态，转向解析土地利用转型的资源环境效应；由考察土地利用转型与乡村人地关系的演化过程，转向如何利用土地利用转型助推乡村转型发展与振兴等全新领域。

城乡转型发展进程中，乡村地域系统结构和功能转型过程构成了土地利用转型和乡村转型发展交互作用的基础。土地利用转型研究旨在揭示区域土地利用形态（含显性和隐性形态）的非线性变化过程，而乡村转型发展研究注重探讨乡村发展状态在城乡转型发展进程中呈现的趋势性变化过程。不同社会经济发展阶段，乡村地域系统的人地关系地域格局特征差异明显，区域土地利用形态和乡村发展状态也呈现明显的时空异质性。研究发现，区域土地利用形态格局冲突的变化过程是驱动土地利用形态演化的内在机制（Long and Qu，2018；宋小青，2017），与土地利用形态冲突相对应的乡村人地关系地域格局也将随之变化，成为决定乡村转型发展过程的关键因素。因此，区域土地利用形态格局的冲突与乡村转型发展动力密切相关，乡村人地关系地域格局对二者作用力的响应和反馈过程构成了土地利用转型与乡村转型发展交互耦合的桥梁。

土地利用转型及其与乡村转型发展的耦合协调过程是实现乡村振兴的关键。土地利用转型研究通过刻画土地利用形态在显性和隐性两种状态下发生的趋势性变化，为深入研究土地利用变化提供新的视角。与此同时，乡村人地关系发生了显著的变化，深刻改变了人地关系强约束的乡村发展状态，乡村人口、土地、产业、空间、文化和社会等多种形态结构均发生了重要变化。人口的城乡迁移过程中，土地利用的城乡配置、产业结构的升级、乡村三生空间内部结构和社会文化体系的演变均受到城乡转型发展的影响，深刻改变了乡村发展的形态格局。不同地区乡村转型发展的进程差异显著，可以通过刻画乡村发展形态格局的变化来解释乡村转型发展的历程和模式。协调好土地利用转型与乡村转型发展的耦合关系，对优化乡村发展历程、构建和谐有序的城乡转型发展进程具有重要意义。

此外，区域土地利用转型与社会经济发展阶段密切相关，土地利用形态格局冲突的转型机制与区域乡村转型发展的内在机理紧密关联。耕地利用转型、农村宅基地利用转型和林地利用转型成为研究热点，众多学者尝试从不同地类转型过程及乡村发展状态的演化过程、内在机制等方面分析土地利用转型与乡村转型发展之间的内在关系。此外，土地利用转型同粮食生产、乡村人口迁移、乡村重构、乡村生产演化等方面的耦合研究已有较多成果。

7.1.2　土地利用影响乡村发展

土地利用与乡村发展密切相关，不同类型的土地利用变化过程将给乡村发展带来不同影响。城乡转型发展进程中土地利用变化成为解析乡村发展过程及其机制的重要手段。土地利用变化对乡村发展影响的作用机制和模式也成为乡村地理研究的热点。土地利用方式变化、土地利用价值演化、土地利用功能多样化、农村土地制度改革等方面对乡村发展的影响研究均有较多成果，有效地推动了土地利用变化对乡村发展影响的研究。

以不同土地利用类型在空间上扩张与收缩为代表的土地利用变化成为影响乡村发展状态改变的重要动力。与乡村发展密切相关的地类有耕地、农村居民点用地和林地等。不同土地利用类型的扩张与收缩是改变乡村发展要素分布格局和影响乡村发展状态的重要因素。研究发现，耕地扩张有利于改变乡村地区的人地关系。然而，不合理的土地开垦也可能导致区域生态环境的恶化，加大乡村陷入生态环境危机的风险。林地的扩张与收缩是林区乡村发展的重要影响因素，如橡胶等经济作物的种植会给当地乡村发展带来显著影响，林地面积的变化也同样会改变乡村的生态环境。农村居民点用地是影响我国乡村发展状态的核心地类之一，解决以农村居民点用地“空心化”为特征的“内空外扩”发展模式所带来的问题，成为研究农区乡村发展的焦点。

土地利用的集约化与粗放化过程，从不同侧面呈现了乡村地区人地关系的演化过程，以耕地的边际化和农村居民点的空心化为代表的乡村土地利用价值演化和功能多样化成为解析乡村转型发展历程的重要依据。耕地利用的集约化改变了传统“精耕细作”的农业生产模式，提高了耕地的生产效率和耕地利用强度，解放了农村剩余劳动力，为农村人口的大规模城乡迁移创造了条件。土地利用集约化（粗放化）推动了单位土地面积的投入与产出的变化，影响了乡村的生产效率，改变了乡村生产体系和乡村发展的物质基础。农村居民点用地的空心化过程较为直观地展现了乡村土地利用功能的多样化给乡村发展带来的影响，乡村土地利用功能结构演化成为影响乡村发展的重要动力。

乡村土地制度改革长期以来一直被认为是激发乡村发展活力、影响乡村发展历程的重要因素。乡村土地权属关系、组织方式和管理政策的演化对乡村发展的影响也逐渐成为研究热点。此外，针对土地利用制度对乡村发展影响的作用机制和操作模式，以及不同时期土地利用制度对乡村发展的影响强度和重要程度等方面的研究也逐渐被学者重视。

7.1.3　土地利用与乡村发展交互作用机制

城乡土地市场是连接土地利用变化与乡村发展交互作用的重要桥梁，土地市场演化分析可为开展二者交互作用研究提供参考。乡村土地市场的禁锢和城乡土地市场的不对等成为乡村衰落的重要原因。究其根源，城乡二元土地市场异化了乡村土地的价值，导致乡村发展缺乏资金保障。乡村土地市场发育不完善导致乡村土地的价值被严重低估，进而阻碍了乡村发展所需的原始资本的积累过程，也成为乡村生产要素流失、生产关系失衡、发展动力缺失的重要原因。在国土空间综合整治与优化大背景下，以城乡土地市场一体化为目标，挖掘乡村土地资源的资产和资本价值，健全乡村土地利用的价值体系可为乡村可持续发展注入强劲动力。

土地利用变化的农户决策体系是乡村发展面貌改善的内在机制，农户对乡村土地利用变化的决策体系演变成为新的研究热点。农户生产方式变化、城乡迁移特征、生产规模、住宅改善期望、宅基地退出意愿和农户的生态环境意识等均与乡村土地利用变化密切相关，而这些因素给乡村转型发展模式和进程带来了深刻影响。农户决策体系是农户行为对土地利用变化的直接反馈，反过来进一步引起了土地利用的深层次演变。农户在土地利用变化与乡村转型发展中承担了双重角色，既是主动参与者也是被动适应者。基于可持续生计视角的农户土地利用决策体系为更好地应对土地利用变化，推动乡村良性发展创造了条件。

关于土地利用变化的社会生态反馈效应研究在不断加强，土地利用变化的社会生态反馈是调控乡村发展方向的重要依据。乡村发展对土地利用变化的社会生态反馈效应是优化乡村发展、促进乡村生产体系可持续转型、维持农户可持续生计的重要保障。土地利用系统与乡村发展系统通过土地利用变化的社会生态反馈效应紧密联系起来。土地利用系统通过变更土地利用方式、改变土地利用强度、完善土地利用功能等途径影响乡村发展系统。乡村发展系统通过农户自适应、乡村弹性变化、生态环境应对、土地优化配置、土地综合整治等手段反作用于土地利用系统。乡村发展对土地利用变化的社会生态响应机制可为维持乡村人地关系的可持续转型和保障乡村可持续发展提供决策参考。

农村土地利用变化与土地资源管理、土地制度改革和政策创新则成为土地利用变化与乡村发展交互作用研究的重要领域。农村土地利用管理制度改革滞后、土地权属关系不明、组织方式低效等现实问题成为阻碍乡村发展的重要因素。中国城乡建设用地增减挂钩管理和生态退耕等政策成为优化乡村发展的重要手段。破解乡村土地利用管理制度不完善给乡村发展带来的现实困境，探索农村土地利用组织体系创新，开展适度规模经营，推行土地确权颁证，完善农村土地的权属体系，有助于推动乡村地域的可持续发展。

土地利用与乡村发展的交互作用研究，由关注土地利用变化对乡村发展的影响，扩展到探讨土地利用变化与乡村发展的交互作用，再到土地利用转型与乡村转型发展的耦合研究，经历了一个不断深入和提炼的过程。土地利用转型研究隶属于土地利用变化研究的范畴，强调从与经济社会发展阶段相对应的土地利用形态的视角来研究土地利用变化。与土地利用变化趋势的不确定性相比，土地利用转型研究更加关注区域土地利用形态的趋势性及规律性变化过程，将土地利用形态的变化与经济社会发展阶段的演替过程相对应，突出了土地利用变化与社会经济发展的耦合特征。因此，聚焦土地利用转型与乡村转型发展的耦合研究可丰富土地利用系统与乡村发展系统交互作用研究的内涵，并为优化区域乡村社会经济发展指明方向。

7.2 基于土地利用转型的乡村空间治理逻辑

土地利用转型和乡村空间治理交互作用为推动乡村转型发展、完善乡村地域系统结构和功能提供有效工具。土地利用转型为有序开展乡村空间治理提供科学依据，乡村空间治理反作用于土地利用转型，为优化乡村人地关系转型趋势提供重要手段（图 7-1）。开展乡村空间治理为有效解决乡村空间开发利用过程中出现的结构和功能问题提供有效方案，为构建空间有序、权属明晰和组织高效的乡村开发格局创造条件。乡村空间的合理开发利用是保障乡村转型发展的物质基础，乡村空间“物质-权属-组织”治理为乡村转型发展提供支撑。开展乡村空间治理对乡村转型发展影响的研究为深化乡村发展机制提供有效工具。因此，加强乡村空间治理与乡村转型发展的交互作用研究可为开辟乡村振兴局面提供依据。

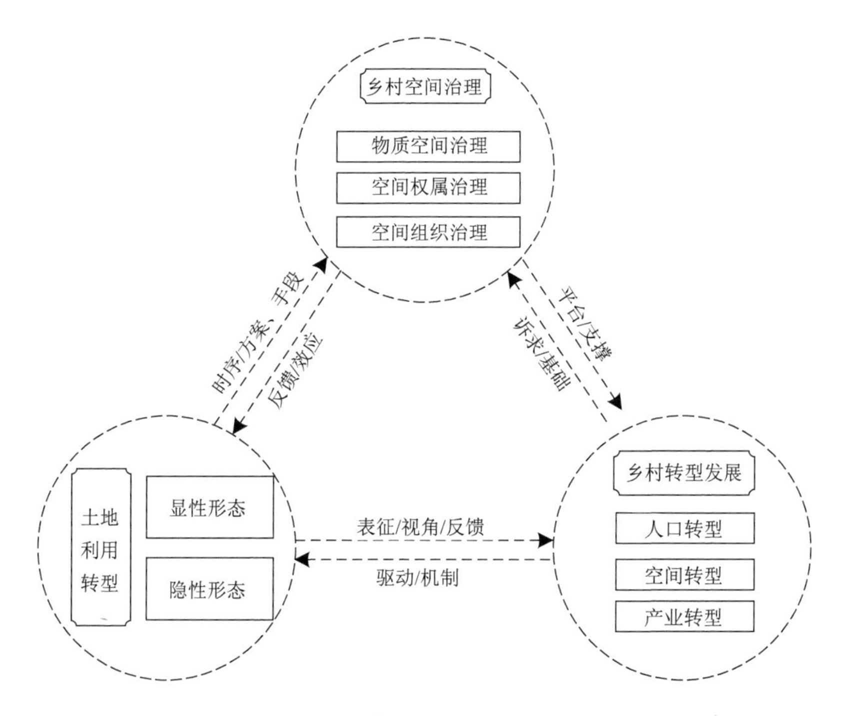

图 7-1　土地利用转型、乡村空间治理与乡村转型发展的内在关系

以土地利用转型研究为导引，在强化乡村空间“物质-权属-组织”治理的基础上，深化乡村转型发展驱动机制和地域模式的研究将是推进理论研究服务实践需求的重要方向。当前，关于土地利用转型与乡村转型发展耦合的理论分析框架构建、二者交互作用的耦合识别节点、基于耦合节点的演化过程及其交互作用机制研究仍处于探索阶段。本书进一步论证了土地利用转型与乡村空间治理内在关系及其对乡村转型发展产生的影响。基于以上分析可知，区域土地利用形态和乡村发展状态的耦合机制与地域模式差异，决定了只有因地、因时制宜开展乡村空间治理才能起到应有的作用。乡村有序转型

发展是深化土地利用转型和乡村空间治理的共同目的。乡村土地利用转型研究成为揭示乡村空间治理与乡村转型发展交互作用状态和困境的重要依据。乡村空间治理是优化土地利用转型与乡村转型发展耦合关系的重要手段，有利于加强二者内在机制衔接。因此，将土地利用转型、乡村转型发展和乡村空间治理有效囊括在统一的分析框架下，有利于深化乡村地域系统运转机制研究，为地方开展乡村振兴实践提供参考。

7.2.1 土地利用转型视角下乡村空间利用问题剖析

1. 耦合不协调激化乡村空间利用问题

乡村空间利用问题可以从土地利用形态与乡村发展状态耦合不协调展开深入分析。土地利用转型研究旨在揭示区域土地利用形态（含显性形态和隐性形态）的非线性变化过程，区域土地利用形态格局冲突的变化过程是驱动土地利用形态演化的内在机制。通过解析区域土地利用形态及其内部格局冲突，可反映出区域社会经济发展过程中乡村空间利用问题。城乡转型发展进程中，土地利用变化成为解析乡村发展过程及其机制的重要手段（李升发和李秀彬，2018；刘彦随等，2016）。土地利用形态变化影响乡村发展的作用机制和模式为揭示乡村空间利用问题提供重要窗口。乡村空间利用问题正是土地利用转型与乡村转型发展耦合作用不协调的重要表现，乡村空间是乡村社会经济发展转型的空间载体，土地利用则是社会经济发展在空间上的投影。因此，乡村空间利用问题是社会经济发展过程中呈现出的结构问题在空间上的表现，解析土地利用形态及其格局冲突演化过程为揭示其内在机制提供较好的视角。

2. 基于土地利用转型的乡村空间利用问题剖析

乡村空间难以支撑乡村转型发展的物质空间需求，主要表现为土地利用数量有限和结构不合理，即土地利用显性形态能够较好地呈现出乡村发展空间受限局面下的土地利用格局特征。传统农区人均耕地数量有限造成人地关系紧张的格局，表明耕地利用形态对乡村农业生产空间的紧约束状态。宅基地面积的扩张是乡村土地利用结构演变的重要表现，宅基地利用空心化是其内部结构分化的结果，并成为乡村空间利用粗放化的重要表现，也成为扩展乡村发展空间的来源（建设用地指标）。乡村土地利用数量和结构的演化过程还进一步影响了乡村生产空间、生活空间和生态空间，也就是三生空间的结构和功能特征，限制了乡村空间开发利用的潜力。乡村空间功能特征源于土地利用功能在空间上的表征，当前乡村地区土地利用功能的结构不合理和实现方式不畅通成为限制乡村空间开发和利用的重要因素。

乡村空间权属关系难以满足社会经济发展需要是乡村土地利用转型滞后于乡村转型发展的重要表现，也是造成乡村土地利用形态与乡村空间利用状态不协调的突出问题。乡村耕地利用形态中的权属问题是当前乡村快速转型背景下耕地利用隐性形态变更滞后于乡村转型发展的重要依据。耕地三权（所有权、承包权和使用权）分置的改革和实施并没有跟上乡村人地关系的演化过程。农村宅基地所有权、资格权和使用权的改革滞后是农村宅基地利用空心化的主要原因之一。乡村公共空间利用表现出来的权属问题与现行乡村土地利用分类体系密切相关，难以从制度上确立乡村公共空间的边界和范围，成为乡村公共空间开发利用的瓶颈。因此，变更乡村土地利用权属关系能够为激发乡村社会经济发展的活力创造巨大潜力。

乡村空间低效组织与运转问题是乡村土地难以得到高效利用的直接原因。土地利用效率是土地利用形态的重要表征之一，分析乡村地区不同地类的效率差异可为解析乡村空间的组织问题提供突破口。乡村人均可耕地面积少，大量耕地被低效利用或撂荒，主要是耕地利用转型与人口转型进程不匹配和耕地利用效率低造成的。农村宅基地的低效利用主要表现为村镇聚落体系演化与乡村发展不匹配，不同类型的聚落难以得到高效的组织和开发利用。此外，从村域尺度分析农村宅基地的利用效率问题主要表现为宅基地空置率和实际使用率较低。除了以上从效率表现出来的土地利用问题，乡村土地利用的组织体系也是造成乡村空间难以高效利用的重要因素，耕地的零散化、宅基地的分散化、生态用地的破碎化均是乡村空间利用低效化的重要表现。

7.2.2　土地利用转型与乡村空间治理交互作用机制

城乡转型发展进程中，乡村土地利用形态作为社会经济发展状态在空间上的投影，预示着乡村空间结构和功能的变化过程可以通过土地利用形态的变化过程较好地呈现。乡村空间开发和利用与乡村转型发展密切相关，不同类型的乡村空间开发利用过程将导致差异化的乡村发展过程。土地利用形态格局演化过程分析，为解析乡村空间内部的演化过程提供索引，为土地利用转型与乡村转型发展的耦合研究提供有效衔接，也为破解转型期乡村空间利用问题提供有利线索。

乡村是城乡地域系统的有机组成部分，乡村空间的有序开发利用是国家现代化进程中不可或缺的一部分（吴传钧，1991），关于乡村空间治理的理论和实践研究仍处于探索阶段，物质空间治理、乡村政治体制和管理模式治理仍是乡村治理的主要研究领域。从乡村生产空间（如耕地和工矿用地）、生活空间（以农村居民点用地为主）和生态空间的综合整治视角开展乡村空间治理研究，进一步明确了乡村物质空间治理的现实需求和实践方案，乡村多维空间的整治为优化乡村空间结构和功能提供有力工具。

土地利用转型是乡村转型发展阶段特征识别的重要标志，为开展乡村空间治理提供精准施策的时间参考（图 7-2）。针对当前乡村空间利用过程中出现的多种问题，开展综合整治，将土地利用隐性形态中功能、权属和效率等

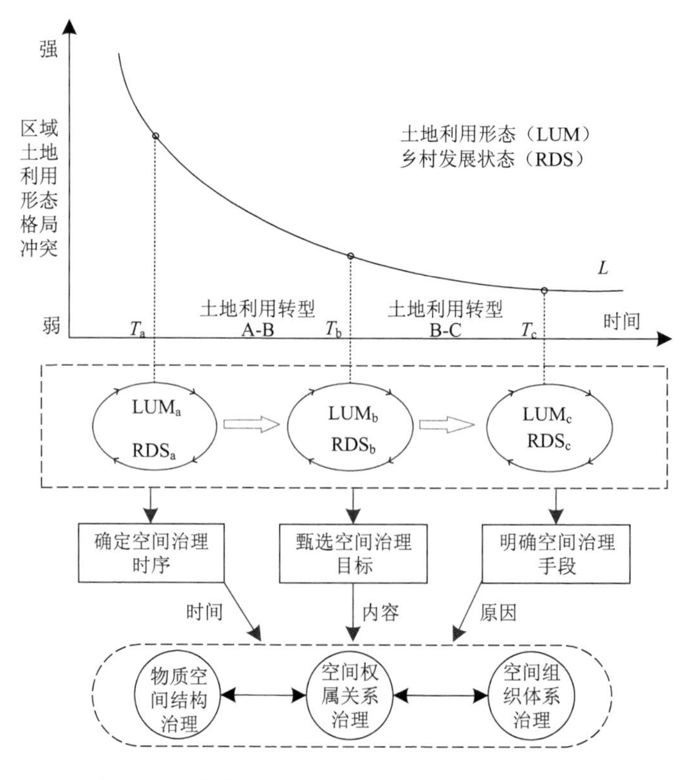

图 7-2　土地利用转型与乡村空间治理交互作用关系

特征作为治理的核心目标，拓展土地综合整治的领域和范畴，有利于强化土地综合整治对乡村空间利用问题的解决能力。土地利用转型为乡村空间治理提供战略指引和落地抓手，即乡村空间治理的时序确定和手段确定与土地利用形态演化过程和甄选合适的土地利用类型进行治理密切相关。通过乡村空间治理反过来改变乡村土地利用形态，协调乡村土地利用形态与乡村转型发展的耦合关系，进一步优化乡村地域结构和功能。

整治乡村空间的不合理利用方式可为优化乡村空间结构、完善乡村空间功能提供重要抓手。瞄准构建现代乡村治理体系的现实需求，破解乡村空间在利用、开发、组织和管理上呈现出的新情况和新问题，需要从土地利用显性形态和隐性形态入手，开展土地利用综合治理，把物质空间利用问题、权属关系问题和组织效率问题综合囊括进土地综合整治的范畴。着眼于乡村空间综合治理目标，从治理乡村物质空间出发，构建涵盖乡村空间权属和乡村空间组织治理的现代乡村空间综合治理体系，需要扩展传统乡村土地利用的整治领域，将土地利用的物质结构、权属关系和组织体系等作为乡村空间“物质-权属-组织”三位一体综合治理的起点，探讨基于土地利用转型的乡村综合治理路径，深入总结土地利用转型与乡村空间综合治理交互作用过程及其给乡村转型发展带来的深刻影响，突出乡村可持续和城乡融合发展目标。

7.2.3　土地利用转型与乡村空间治理交互作用效应

乡村土地利用形态格局演变是连接土地利用转型与乡村空间治理的桥梁。土地利用隐性形态是乡村空间治理的关键点，从土地利用隐性形态着手治理乡村空间，有利于进一步丰富乡村空间治理的内涵体系。针对当前乡村空间利用出现的多种问题，以土地利用形态转型为突破口，可为乡村空间综合治理提供较好的解决方案，有利于重构乡村空间体系、优化乡村土地利用格局，进而推动乡村土地利用转型进入良性循环。在土地利用转型与乡村空间治理的交互作用过程中，协调乡村土地利用形态与乡村转型发展的耦合关系，优化乡村空间的结构和功能，最终推动乡村空间实现良性开发。

基于土地利用转型过程识别乡村转型发展的阶段特征，为乡村空间治理确定启动时间节点和时序关系提供参考。土地利用转型过程中，区域土地利用格局发生冲突，问题与矛盾的凸显促使乡村甄选有待治理的土地利用类型。从土地利用转型视角来深入解析问题地类背后的矛盾，有助于诊断乡村土地利用形态格局的弊病，为精准识别乡村空间治理需求、明确乡村空间治理对象与目标及开展空间治理提供战略指导。城乡转型发展过程中，在不同阶段乡村土地利用形态格局冲突的强弱成为驱动土地利用转型进程的关键因素，进而形成了区域土地利用转型曲线 L（图 7-2）。与之对应，土地利用形态格局冲突和乡村发展动力共同推动土地利用形态（LUM）与乡村发展状态（RDS）在不同时期呈现差异化的耦合类型，土地利用形态与乡村发展状态耦合关系的演替过程成为驱动乡村空间利用格局演变的内在因素。因此，土地利用转型与乡村转型发展的耦合关系成为明确乡村空间治理实践的重要参考依据，进而可以根据不同时段耦合关系的差异明确治理时序，确立治理目标。

根据不同地区差异化的耦合类型，进一步因地制宜明确合理的治理手段，进而形成“何时治理→治理什么→如何治理”的乡村空间治理路径。基于土地利用转型的乡村空间治理目标确定，使乡村空间的物质结构、权属关系与组织体系纳入综合治理的范畴。由此，乡村空间治理从以往的侧重物质空间治理转变为兼顾物质、权属和组织的全面综合治理，最终提升乡村空间治理能力与效率。乡村空间治理的顺利实施将优化调整乡村土地利用形态格局，缓和区域土地利用形态冲突，进而推动土地利用转型，构成土地利用转型与乡村空间治理的交互作用过程。

7.3　农村宅基地利用转型的汤家家村实践

7.3.1　宅基地治理与城乡融合发展

1. 宅基地物质空间治理与城乡融合发展

农村宅基地是居民生产生活的核心空间，开展宅基地物质空间治理将带来乡村生产生活的巨变。宅基地物质空间治理主要包括空间结构优化、功能融合、景观提升、配套完善、环境整治等内容（图 7-3）。以“空心村”整治为代表的农村宅基地治理过程，强化了宅基地的公共保障属性，也使得宅基地物质空间结构和功能体系更加完善。在依法严格控制宅基地面积及统筹新建住房规划设计的情况下，从扩展宅基地利用模式、改变房屋结构、优化房屋立面效果等方面，推进宅基地利用的结构优化。宅基地利用方式的多样化（由传统自己居住向多种经营转变）和功能体系的复合化过程，有效强化了宅基地的经济价值，为实现乡村空间价值增加创造条件，显著改变了乡村空间的效益体系，并且主要表现在经济效益的提升、社会效益的完善等方面。宅基地功能提升及其效益体系的变化将为城乡融合注入持续的经济动力。

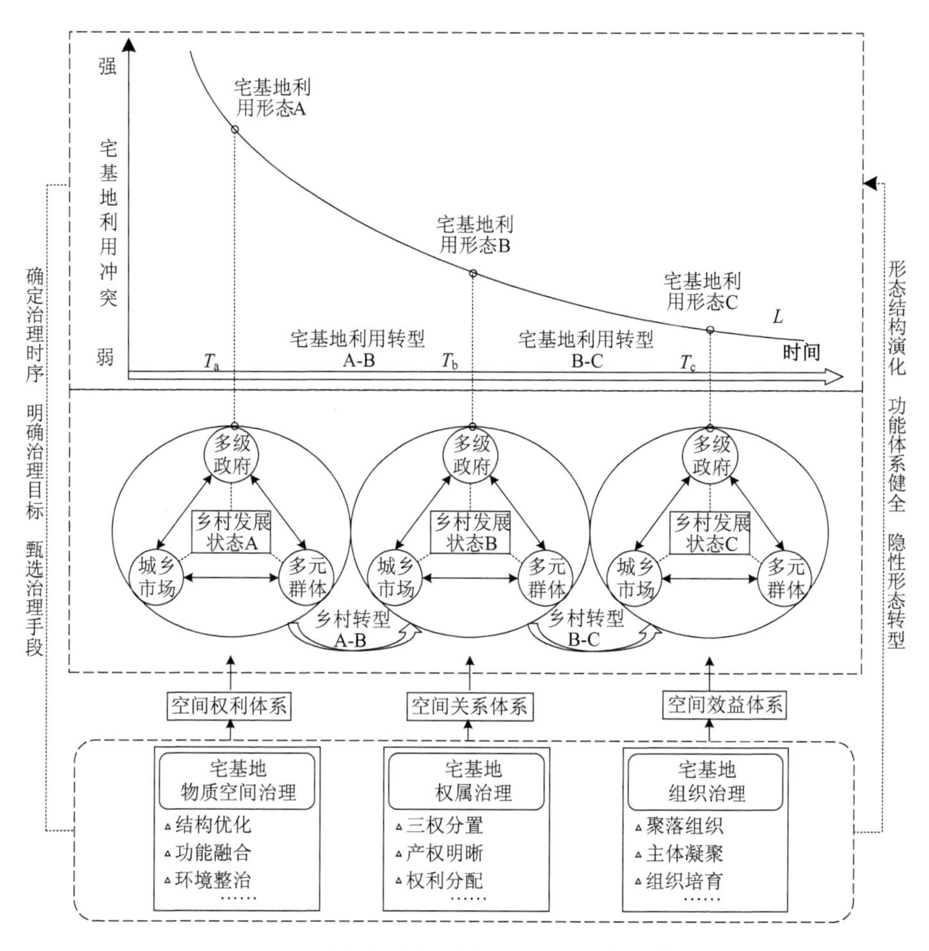

图 7-3　宅基地治理与城乡融合互动作用分析框架

宅基地物质空间治理通过配套基础公共服务设施，提升宅基地景观吸引力，挖掘宅基地利用潜力，优化乡村生活空间格局。乡村公共空间的利用与完善也是宅基地利用与开发层次提升的重要表现。宅基地物质空间治理通过单体建筑结构优化、组团集群开发、景观美化工程等手段，强化基础设施配套；并通过完善水、电、路、网等公共服务配给，实现人居环境的提升，扭转乡村整体环境“污损化”的趋势，进而更好地促进城乡融合。农村人居环境综合整治配合宅基地空间治理将有效挖掘城乡融合的潜力，为推进城乡融合发展提供动力。

2. 宅基地权属治理与城乡融合发展

宅基地权属治理成为新时期中国乡村空间治理的核心。乡村人地关系演化呈现出的“人地分离”特征推动农村宅基地产权关系特征、投入/产出效率、权利分配体系等形态的转型。宅基地权属治理的重点是在维持农村宅基地集体所有权的前提下，提升宅基地的权利空间和经济效益，完善多元主体参与宅基地“三权分置”的实现路径，积极拓展宅基地使用权的实现方式，有效落实宅基地价值为集体所共享的初衷。宅基地权属治理中所有权治理主要包括落实集体所有权的主体法律对象，推动宅基地管理和处分权的落地。经济发达地区宅基地的保障功能逐渐降低，而农户对于宅基地流转、租赁等经济行为的诉求不断增多。在保障集体所有权和农户资格权的情况下，确立多元主体参与宅基地开发和利用的权属关系体系和价值分配关系具有现实意义（图 7-3）。

宅基地权属治理成为推进城乡融合发展的重要政策工具。当前乡村地区宅基地物权价值难以显化与宅基地权属关系不明晰密切相关。通过宅基地权属治理，有效提升乡村空间的经济效益；通过多元主体的有效参与完善乡村空间的权利体系，基于权属关系特征优化空间关系体系，这些空间效能体系演化均有利于实现乡村可持续发展。宅基地利用形态与城乡融合状态的互动作用是宅基地权属治理推动城乡融合的内在机制。不合理的宅基地利用形态将限制乡村空间的开发与利用，阻碍乡村实现快速发展。宅基地权属治理和多渠道放活宅基地使用权实现方式，有利于提升宅基地使用效率，盘活乡村空间利用潜力，凸显乡村空间价值特征。宅基地利用形态与城乡融合状态的差异化耦合状态，导致宅基地权属治理措施应因地而异、择机实施。

3. 宅基地组织治理与城乡融合发展

宅基地组织治理重点解决空间组织松散、空间关系主体零散、空间体系分散等问题。宅基地组织治理既包含聚落体系的组织，也包含聚落内部空间关系的组织。通过宅基地组织治理，实现空间组织能力提升、多元主体凝聚力增强、新型组织关系重塑的目标。宅基地隐性形态的效率体系、组织模式和功能特征是开展宅基地组织治理的重要抓手，科学有效选择治理手段同宅基地利用转型的阶段密切相关。宅基地利用与村镇聚落体系密切相关，构建等级序列完善、结构和功能体系完备的村镇聚落体系是未来农村聚落体系组织重建的方向。此外，农村宅基地退出机制与农户有效参与相结合，推动了乡村生活空间的集中规划布局，强化了乡村社会组织体系建设（图 7-3）。

宅基地组织治理为新时期城乡融合提供组织保障。乡村振兴产业发展与人才队伍建设密切相关，宅基地组织治理改变乡村空间效能体系的过程有效强化了城乡融合亟须的组织基础。宅基地组织治理在推进空间关系演化的过程中，将为构建新型集体产业发展模式奠定基础，为实现小农户与大市场的对接创造条件。多元主体参与宅基地治理的组织模式优化将调动农户参与乡村治理的积极性，为构建多元主体博弈的乡村治理体系提供组织基础。宅基地组织治理应与宅基地利用形态演化相适应，时机恰当的组织治理将为推进城乡融合发展提供助力。

7.3.2　汤家家村宅基地利用转型过程

1. 汤家家村概况

汤家家村，位于江苏省南京市江宁区汤山街道，是以温泉民宿体验为特色的旅游型乡村。2018 年，该村全村总面积约 15.5 hm^2，多为农村宅基地，共 139 户，人口约 437 人，人均纯收入约 56 000 元。当前，直接或间接参与旅游经营的户数比例超过 50%。汤家家村原是其所在的汤山社区在 20 世纪 90 年代末期因修路规划新建的一个居民安置点，因而人口姓氏混合，居民之间宗族关系较弱。汤家家村快速的经济发展起步于 2003 年，后以“美丽乡村”建设、乡村振兴战略为契机，走上了发展乡村旅游的道路（Shen M and Shen J，2019）。2013 年，南京市江宁区启动“美丽乡村”建设计划，汤家家村作为第二批金花村之一，在充分利用本地自然环境的基础上，结合汤山温泉，打造乡村旅游点，现有一大批农家乐和少量传统民宿对外营业。

在汤家家村发展的各个阶段，宅基地利用转型与乡村发展的耦合关系差异明显，宅基地治理也在乡村发展中起到了重要作用。此后，随着专业民宿经营业主的引入，汤山社区制定了民宿经营者、房东和社区的三方协议，明确了在民宿打造过程中各方的权责利益关系，规范了民宿发展。自此，高端主题民宿逐渐在汤家家村兴盛起来。2017 年 11 月，汤家家村获得“南京市精品民宿村”称号，同时成立了民宿协会，民宿的发展有了更加规范的标准和要求。2019 年 8 月，因高速公路互通项目的建设需要，对汤家家村部分民宿和旅游基础设施启动了拆迁，汤家家村的发展迎来新的机遇与挑战（Sun and Ge，2022）。截至 2019 年年底，全村有主题民宿 33 家、餐饮 3 家，有 36 宗宅基地用于旅游业开发。

2. *汤家家村宅基地利用转型过程*

2007～2017 年，汤家家村宅基地利用规模、数量不断增加，宅基地用地范围增大，村内各类功能设施趋于完善。村内的宅基地数量由 2007 年的 76 宗上升到 2017 年的 95 宗，在原基础上增加 25%，村内宅基地用地范围扩大了约 20%，此外还改造或新建了一些公共服务设施。在宅基地用途上，由于温泉旅游民宿的开发，村内宅基地用途由单一走向多元化，即由以居住功能为主，转向居住、旅游住宿经营、旅游餐饮经营等多元化用途（图 7-4）。2017 年，已有 34.74%的宅基地用于旅游接待服务，包括旅游住宿、娱乐和餐饮等。2017～2021 年，由于沪蓉高速和铜龙省道互通项目的建设需要，对汤家家村南部地区进行了拆迁，宅基地数量减少，下降到了 77 宗，用于旅游民宿经营的宅基地达到 36 宗，占比由 34.75%上升到了 46.75%。

2013 年之前，汤家家村为以居住为主要功能的居民安置点，处于传统发展阶段。当地居民以农业经营和外出打工为主，村庄的经济基础薄弱，宅基地闲置现象伴随人口外流逐渐显现。村中有大片的空闲地未得到利用，村内各类公共服务设施较为缺乏。但随着经济的发展和村民收入的提高，加上人口增长等因素，村内的宅基地数量不断上升，新建房屋增多，村内闲置地得到利用，亦有众多村民对原有房屋进行翻新。这一阶段，宅基地功能和用途单一，投入产出效率低下，为之开展的空间治理以物质空间治理为主，以此促进村内土地的使用和环境的改善。

2013～2017 年，当地政府对村庄进行了改造，在政策上支持当地以温泉民宿为特色的乡村旅游发展。村庄旅游发展吸引了外部资金的投入，外来经营者租赁当地居民的闲置房屋，将其改造、装修，盘活了村内的宅基地，使村内的宅基地得到了充分利用。其间，村内空闲地得到进一步利用，宅基地

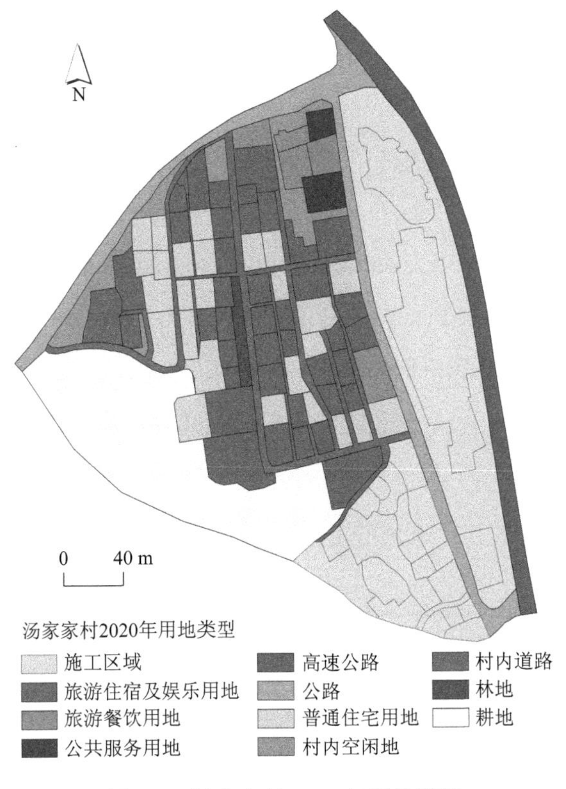

图 7-4　汤家家村 2020 年用地类型

数量进一步增长。截至 2017 年，村内宅基地占用土地面积较 2007 年增加了 20%。部分民宿经营者由于业务的增长和经营规模的扩大，选择租赁附近居民的房屋，使若干块宅基地连成整体，促使连体房屋的出现，进一步提高了村内宅基地的使用效率。伴随着乡村发展和村庄人居环境的整治，村内道路、绿化等基础设施及各类公共服务设施得到进一步完善（图 7-5）。

2017 年以来，由于政府对乡村新建房屋和宅基地的管控，汤家家村的宅基地数量不再增长。由于修路规划，部分房屋已被拆迁，宅基地数量减少了约 19%。旅游民宿经营的宅基地和房屋数量明显上升且达到峰值，村内无闲置房屋。用于旅游接待服务的宅基地比例已经上升到约 46.75%，汤家家村的宅基地使用趋于紧张。2017 年，汤家家村成立了民宿协会，多元主体参与的博弈机制逐渐形成，“自上而下”和“自下而上”相结合的治理方式亦已形成。村内宅基地的使用效率和投入产出效率得到有效提升，宅基地组织模式创新

在其中发挥了至关重要的作用。

图 7-5　汤家家村土地利用变化过程

7.3.3　汤家家村宅基地利用转型与多元主体参与过程

在汤家家村宅基地利用转型过程中，多元主体的博弈、分化、重组构成了驱动其转型的核心动力。宅基地利用形态是表征多元主体博弈在空间上投影的重要依据。汤家家村宅基地利用形态的变化过程，能够较好地解析多元主体力量对比变化对乡村发展带来的影响。该村发展过程中的多元主体主要包括政府主体（当地政府、社区居委会等行政管理者）、社会主体（农户、民宿经营协会、农户组织团队等）和市场主体（经营业主、游客、旅游公司等）。汤家家村构成了以政府力、市场力、社会力为核心的三元主体博弈力量。不同发展阶段，三元主体博弈力量此消彼长，成为追踪宅基地利用转型的重要线索。因此，可结合宅基地利用形态的演化过程，分析宅基地利用转型与多元主体博弈互动过程。

在汤家家村宅基地利用转型过程中多级政府通过政策导向和资金投入等方式发挥了重要作用。在汤家家村乡村旅游发展的初期和成长期，多级政府代表的政府力是多元主体博弈的主导力量。在发展初期，当地政府（如南京市江宁区政府）抓住区域乡村旅游发展契机，选定汤家家村作为“美丽乡村”示范点，开展旅游基础设施建设和村庄环境综合整治，政府“自上而下”的项目进村，开启了汤家家村宅基地利用转型的全新阶段。汤家家村所在汤山社区村“两委”在这个过程中成为衔接项目落地的重要桥梁。村“两委”负责配合政府实施村庄发展规划，在多元主体博弈中占据核心优势，分散农户在村庄开发初期处于被动接受状态，博弈资本主要是农户的宅基地，农户自组织程度较低。政府力通过项目落地，推动宅基地和村庄公共空间进入流通领域，对宅基地利用转型起到了直接推动作用。随着民宿经营业态的扩展，农户与民宿经营业主成立民宿行业协会，逐渐壮大的社会力量成为多元主体博弈的一支重要力量。之后，汤家家村兴建游客接待服务中心、公共温泉池，以及乡村基础设施（温泉入户），有效改善了宅基地利用形态，宅基地利用方式趋向多元，利用效率显著提升。

以农户为代表的社会力博弈能力不断增强与分化，有利于建构多元互动的群众基础。汤家家村原属于因修路拆迁而新建的一个居民安置点，当地村民血缘、宗族关系较弱，农户组织程度松散，长期以来由于地处城乡接合部，交通较为便利，农户外出务工和经商的比例较大。当地村民在外购置房屋的比例较高，直接导致传统农村宅基地利用效率较低，农村自己建房的积极性不高。原住农户在村庄乡村旅游开发初期缺少参与旅游开发的渠道，随着村内外来民宿经营业主的增多，村庄内部社会关系网络趋于复杂化，部分原住村民在经济利益的驱动下也开始自主经营民宿。民宿经营业态的多样化和经营主体的多元化，迫切需要成立相关组织来加强行业的引导。2017 年，汤家家村成立了民宿协会，成为村庄发展历程中的重要事件，标志着社会力量的壮大，并成为影响宅基地利用转型的重要驱动力。多元经营主体的出现，催生了农户房屋使用权流转，宅基地物权体系趋于复杂，权属关系在市场的影响下由明晰到模糊。房屋功能体系由简单的居住功能向休闲娱乐、餐饮会议、旅游接待等多种功能演变（图 7-6）。

以市场力为代表的乡村旅游业发展成为推动汤家家村宅基地利用转型的关键力量。乡村旅游市场的规划、开发、运营、管理等各个环节均成为塑造乡村发展状态和宅基地利用形态的重要因素。汤山街道持股运作的旅游开发公司是汤家家村乡村旅游业开发的起始市场主体，虽然其具有官方背景，但乡村经营具有市场化特征。汤家家村优越的自然地理条件（温泉）和交通通达度为旅游开发提供了市场优势。民宿旅游业由小做大，由单一类型向多元类型转型，使汤家家村成为主题民宿旅游村。经营业主来源也趋于多样化，民宿有的由本地农户利用自己的农房改造而来，有的由旅游开发公司投资打造，还有的由旅游从业者个体经营。游客对主题民宿旅游产品的需求也是推动宅基地利用转型的重要市场驱动力。为了迎合主题民宿产品的开发需求，

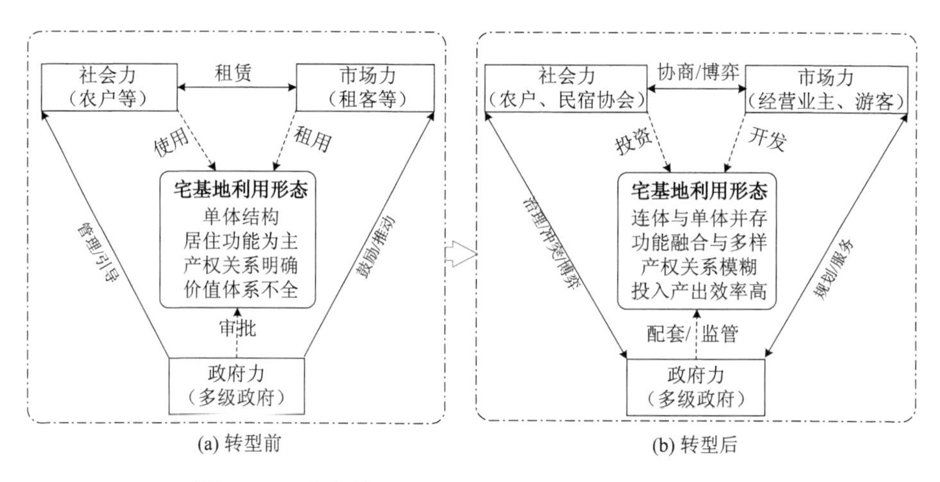

图 7-6　汤家家村多元主体参与的宅基地利用转型过程

汤家家村从事民宿经营的 33 处宅基地均采取了改造、改建、新建等措施，以提高旅游接待能力。为了扩大旅游接待规模、降低旅游开发成本，出现了多处宅基地打通进行综合经营的状况，原有独立存在的宅基地已经被突破。当前，市场力成为汤家家村驱动宅基地利用转型不可或缺的力量。市场力带来的宅基地隐性形态的改变，使得村庄发展的机遇与挑战并存，如何增加宅基地价值、推进公平分配机制的建立仍任重而道远。

参 考 文 献

李升发，李秀彬. 2018. 中国山区耕地利用边际化表现及其机理[J]. 地理学报，73(5): 803-817.

刘彦随，严镔，王艳飞. 2016. 新时期中国城乡发展的主要问题与转型对策[J]. 经济地理，36(7): 1-8.

龙花楼. 2003. 土地利用转型：土地利用/覆被变化综合研究的新途径[J]. 地理与地理信息科学, 19(1): 87-90.

龙花楼. 2012. 论土地利用转型与乡村转型发展[J]. 地理科学进展, 31(2): 131-138.

龙花楼. 2015. 论土地利用转型与土地资源管理[J]. 地理研究, 34(9): 1607-1618.

宋小青. 2017. 论土地利用转型的研究框架[J]. 地理学报, 72(3): 471-487.

吴传钧. 1991. 论地理学的研究核心——人地关系地域系统[J]. 经济地理, 11(3): 1-6.

Foley J A, DeFries R, Asner G P, et al. 2005. Global consequences of land use[J]. Science, 309(22): 570-574.

Ge D, Zhou G, Qiao W, et al. 2020. Land use transition and rural spatial governance:

Mechanism, framework and perspectives[J]. Journal of Geographical Sciences, 30(8): 1325-1340.

Grainger A. 1995. National land use morphology: Patterns and possibilities[J]. Geography, 80(3): 235-245.

Lambin E F, Meyfroidt P. 2010. Land use transitions: Socio-ecological feedback versus socio-economic change[J]. Land Use Policy, 27(2): 108-118.

Long H, Li T. 2012. The coupling characteristics and mechanism of farmland and rural housing land transition in China[J]. Journal of Geographical Sciences, 22(3): 548-562.

Long H, Qu Y. 2018. Land use transitions and land management: A mutual feedback perspective[J]. Land Use Policy, 74: 111-120.

Meyfroidt P, Roy Chowdhury R, de Bremond A, et al. 2018. Middle-range theories of land system change[J]. Global Environmental Change, 53: 52-67.

Shen M, Shen J. 2019. State-led commodification of rural China and the sustainable provision of public goods in question: A case study of Tangjiajia, Nanjing[J]. Journal of Rural Studies, 93: 449-460.

Sun D, Ge D. 2022. The interaction mechanism of rural housing land transition and rural development: A spatial governance perspective[J]. Growth and Change, 53: 1190-1209.

第8章　乡村国土空间用途管制与城乡融合发展

乡村国土空间用途管制是落实乡村空间治理的关键手段。面向城乡融合发展解构乡村国土空间用途管制的科学内涵，推动多尺度细化管控。本章将乡村空间进一步细分为农业空间、建设空间与生态空间，挖掘落实乡村国土空间用途管制的可行路径。基于不同类型村庄特色与现实需求，提出因事为制的管控策略，推动差异化乡村国土空间管控体系的建立。此外，本章还探讨多元主体参与乡村空间用途管制的落实机制和实施方案。

8.1　面向城乡融合发展的乡村国土空间用途管制

8.1.1　乡村国土空间用途管制概念内涵

乡村国土空间是乡村空间在物质空间上的具体表现，也是日常自然资源管理领域最常见的空间表征。乡村国土空间用途管制是指对乡村地区各类空间资源要素在准入、转用、实施等环节进行监督、管理的过程。乡村国土空间用途管制是协调乡村国土空间要素、优化乡村国土空间结构、提升乡村国土空间功能管制效能的治理工具。乡村国土空间用途管制针对乡村地域的自然资源、空间建设、产权管理等问题，通过空间资源要素配置与分区分类用途管制，优化农业、生态、建设空间布局，提升乡村空间利用功能和价值，是实现乡村振兴和完善空间治理体系的必要路径。

乡村国土空间是城镇开发边界外自然资源开发和人类活动开展的载体，是“要素-结构-功能-价值”复合的开放实体地域系统。乡村国土空间物质属性是其基本属性，各类自然资源要素是组成乡村国土空间的基础，不同要素布局构成的乡村国土空间形态，成为乡村各类功能实现的空间场域。乡村国土空间从地域位置、形态结构、功能价值等方面区别于城市国土空间，因此具有不同管制规则和发展思路。

乡村国土空间用途管制是宏观空间规划在微观空间场域落地的重要手段，是落实乡村物质空间治理的关键抓手（Halfacree，2007）。乡村国土空间用途管制是在生态文明建设理念和治理能力现代化背景下，针对乡村国土空间要素和结构功能的复杂性，以及用途管制空间的异质性和动态性等特征，以“详细规划＋规划许可”和“约束指标＋分区准入”为手段，优化提升乡村地域资源要素、结构体系和功能价值的重要举措。

8.1.2　乡村国土空间用途管制与乡村空间治理

国土空间用途管制是对国土空间实体、属性及人们的利用行为的综合管理，与国土空间规划密切相关，被赋予强化实施国土空间规划和规范国土空间开发秩序的诉求（戈大专等，2022）。乡村国土空间相对于城市而言，涉及更多的山水林田湖等生态要素，以及生态用途、农业用途和建设用途之间的多种转用路径，乡村国土空间管控需要协调各要素的专项管制要求，最终实现乡村国土空间全域、全要素统筹的管制目的（Lefebvre，1974）。

1997～2023 年，在“多规合一”与生态文明战略的宏观背景下，国土空间用途管制围绕着一系列国家战略要求不断演化发展，逐步拓展管制范围、深化管制内涵和目标、探索管制体系，并呈现出阶段性特征。第一阶段为单要素用途管制阶段（1997～2013 年）：以土地管制、耕地保护为核心，同时逐渐扩展到其他生态要素的单要素空间用途管制。第二阶段为自然生态空间用途管制阶段（2013～2018 年）：以生态文明建设为理念，对国家生态空间行使统一管制。第三阶段为国土空间用途管制阶段（2018 年至今）：由国土空间单要素管制转向全域、全要素综合国土空间用途管制。

乡村国土空间用途管制是对国土空间用途管制的细化，乡村国土空间与城市国土空间在物质属性、权属属性、功能属性等方面都存在一定差异，在实体空间范围上亦存在边界。乡村国土空间用途管制强调对乡村地区各类空间资源要素在准入、转用、实施等环节进行监督、管理，协调乡村国土空间要素，优化乡村国土空间结构，提升乡村国土空间功能管制效能。乡村空间治理则强调在乡村多元主体参与下，治理不适应乡村发展的空间状态（形态），进而落实乡村国土空间用途管制策略，优化乡村空间结构与功能，推动城乡空间公平配置。从概念内涵来看，乡村国土空间用途管制显然是推动乡村空间治理这一顶层设计自上而下落实的有效手段。

目前，在管制视角下乡村国土空间利用面临一定困境。乡村国土空间是乡村振兴的物质基础，与城市差异显著的空间特征、资源丰度及空间“物质-

权属-组织”关系交织，使得乡村国土空间结构功能复杂化（戈大专和龙花楼，2020）。空间规划纵向传导路径不畅和乡村用途管制策略缺失、规划指标和边界管控在乡村地区难落实，导致乡村国土空间利用面临困境。城乡管控体系割裂、人地关系失衡和生态价值弱化，导致乡村振兴发展要素供给不足、空间利用功能运转不畅和权属结构转换受阻。识别乡村国土空间利用问题，落实乡村国土空间用途管制策略，是优化国土空间治理、助推乡村振兴的关键内容与核心路径（刘彦随，2018）。乡村国土空间利用的主要困境集中表现为乡村国土空间全域要素难统筹、乡村国土空间结构体系不协调、乡村国土空间功能价值难显化三个方面。

1. 乡村国土空间全域要素难统筹

乡村用地类型数量指标与形态边界是发展权利分配的结果，各级各地政府对于土地发展权博弈、上级规划管控与乡村空间发展诉求冲突是空间管控要素难统筹的主要原因。国土空间全域要素是乡村空间结构优化、乡村地域系统构建的基础。乡村国土空间要素类型多样、属性结构复杂，空间全域要素难统筹成为阻碍乡村发展的核心问题。乡村土地增量化转向存量化发展，不同发展诉求的用地需求难统筹协调（Meyfroidt et al.，2018）。乡村建设用地秩序混乱，耕地“非粮化”产生了弃耕撂荒、粗放经营等农业发展现实困境。乡村人口流失与发展要素缺失下的村镇空心化、宅基地空废化及公共空间杂乱化阻碍了乡村转型发展。人地关系失调、管制手段不力导致生态空间污损严重、生态产品供给受限，进一步制约了乡村发展。

乡村空间管控要素统筹是落实生态文明建设下全域全资源保护的基础，空间发展要素流通是实现乡村地域系统融合的前提。空间管控要素是乡村空间自然资源与社会资源的承载体，要素难统筹限制了城乡发展要素的自由流通，乡村物质空间用途管制困境与其承载的城乡空间发展要素难互通导致乡村转型发展困难。因此，乡村建设用地无序扩张、耕地保护力度欠缺、公共用地杂乱、生态用地污损等乡村空间全域要素统筹难题成为阻碍乡村振兴的重要因素。

2. 乡村国土空间结构体系不协调

乡村与城市的差异性空间特征致使城乡管控体系割裂，乡村国土空间系统复杂性与规划体系传导的事权难匹配。优化乡村国土空间结构体系是提升乡村国土空间利用效率，实现乡村地域系统功能和价值的重要手段。乡村国土空间结构体系既包含村镇空间结构，也包括“自上而下”政府管制事权结构。村镇空间结构是构建城乡聚落体系的核心，完善合理的村镇空间结构体系是优化乡村功能的保障。不同地类要素统筹困难带来乡村国土空间破碎化问题，大量乡村人口向城市单向流动导致村庄空心化问题，乡村聚落扩张和城镇化发展造成乡村空间聚落体系组织低效。优化乡村国土空间结构体系是完善乡村地域空间功能、有效联通城乡地域系统的基石。生产空间利用边际化、生活空间组织空心化、生态空间污损化为乡村振兴带来结构性障碍，构建组织高效、协调有序的三生空间结构是完善乡村国土空间结构体系、促进乡村发展要素有序流通的措施手段。

村镇空间结构不健全、空间权责主体不清、聚落体系组织无序是空间用途管制在乡村实施的障碍，事权结构体系不健全导致自上而下落实空间用途管制需求与乡村振兴发展诉求冲突。乡村国土空间结构体系是构成乡村发展的框架，城乡管控规则的结构性差异阻碍发展要素在城乡系统中自由流通。建立健全乡村国土空间结构体系，解决耕地数量增减挂钩不力、土地发展指标跨区域流通等问题，对构建城乡统一管控体系、促进城乡发展要素双向流通和盘活乡村振兴发展资源具有重要意义。

3. 乡村国土空间功能价值难显化

乡村自然资源的多样性和结构的复杂性构成了乡村国土空间功能的复合性特征，协调乡村空间功能价值是实现乡村振兴的关键。乡村国土空间生产、生活和生态功能相互关联、互相影响，土地利用结构复杂导致空间功能冲突明显。国土空间的资源禀赋与功能赋予矛盾是空间功能难以协调的根源。受限于空间有限性，不同发展空间需要合理分配，以实现空间功能融合、价值协调。合理规划管制乡村物质空间，协调三生功能，提升土地利用效率。

乡村空间功能不协调、空间价值难显化，难以激发乡村空间发展内生动力。乡村空间功能价值协调以实现生产空间集约高效、生活空间宜居适度、生态空间山清水秀为总体目标。乡村发展过程中重经济价值轻生态价值、重资源属性轻资产属性成为生态文明建设、乡村转型发展的障碍。保障耕地粮食生产，推动农业现代化发展与新型产业培育，整治农村闲置宅基地与公共服务设施建设是乡村空间生产生活价值实现的路径，推动生态资源资产化、显化生态产品价值是乡村国土空间价值实现的关键。

8.1.3　乡村国土空间用途管制要素层级传导

基于要素视角，从使用客体的角度考察乡村国土空间，可以发现它是各类自然资源要素、生态环境要素及乡村建设与发展活动的载体。厘清哪些要素通过何种路径向下传导，是强化落实乡村国土空间用途管制的前提与基础。

乡村国土空间用途管制已由面向土地单一要素转向“全域、全要素、全类型”管控，相关空间要素主要涉及各类用地规模、指标等数量要素，地上建设活动与经济活动和各地类布局形态等结构性要素，以及土地利用效率、土地开发强度等隐性形态要素。在镇域尺度上，通过乡镇国土空间总体规划向村域尺度传导管控要素，主要包括保护全域自然资源要素、划定国土空间用途单元、确定各类用地指标与规模、优化国土空间布局结构，以及各类底线管控。在村域尺度上，上级要素内容由乡镇国土空间总体规划传导至各村庄总体规划和各类专项规划，镇域管控要素内容进一步细化为村庄发展定位与规划指标确定、用地单元承载指标细分、国土空间综合整治与生态修复方案落实、各类控制线边界落实、产业空间引导、农村人居环境整治、历史文化保护与特色风貌引导，以及农村住房布局等内容。在地块尺度上，村域尺度管控要素通过上位规划传导至村庄控制性详细规划与修建性详细规划，乡村国土空间用途管制内容也进一步细化至地块尺度的明确地块用途、落实地类指标、优化用地形态与功能、提升用地效率等，以确保管制策略的有效实施（图 8-1）。

镇域尺度管控要素内容通过乡镇国土空间总体规划向村域尺度传导，在不同的要素内容向下传导的过程中应采取不同的传导方式，如乡镇国土空间布局结构主要通过弹性引导的方式指导村域尺度的产业空间布局、人居环境整治和住房布局等，各类底线管控通过“刚性管控+弹性引导”的方式向下传导。具体地，针对保护乡镇全域自然资源要素的要求，由镇级向村级传导的过程细化为国土空间综合整治与生态修复的具体措施方案，以及落实各类控制线的边界；在镇域划定国土空间用途单元的基础上，将任务在村域细化为明确用地单元承载指标和落实各类控制边界；针对不同类别的用地指标与规模要求，村域尺度要求落实于空间，针对不同类型控制线，采取“刚性管

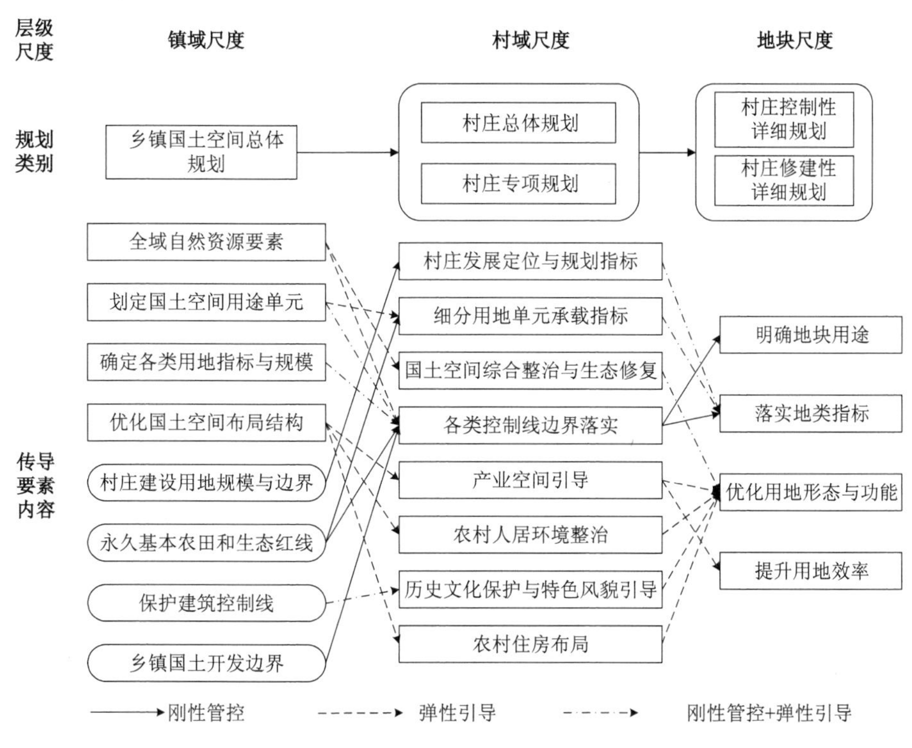

图 8-1　乡村国土空间用途管制下的传导要素内容与路径

控+弹性引导”的复合方式强化各类控制线边界的落实；乡镇国土空间布局结构在村域尺度进一步细化为产业空间布局引导、农村住房布局优化等内容；不同底线管控对相关建设活动有“刚性管控”与“弹性引导”的区别，如乡镇国土开发边界、永久基本农田和生态红线、村庄建设用地规模与边界向下刚性管控，保护建筑控制线向下则为“刚性管控+弹性引导”。

村域尺度管控要素内容通过村庄总体规划与村庄专项规划向更为具体的详细规划传导，管控要素进一步细化，管控任务亦被分解至地块层级。地块尺度的管控任务类型较少，但实际上涉及的地类最为复杂，切实落实地块尺度的管控任务是实现乡村国土空间用途管制的“最后一公里”。具体地，在地块尺度需要明确细分地块的具体用途，并在数量上落实用地指标，最终形成地块图斑代码清单，以完成上层任务中对边界落实管控和指标传导的要求（图 8-1）。此外，通过具体地块的用地形态与功能优化，实现用地效率的提升，构建落实乡村国土空间用途的“数量管控+形态管控+质量管控”的综合管控措施体系。

8.1.4 面向城乡融合发展的乡村国土空间用途分区管制

1. 面向城乡融合发展的乡村国土空间用途管制目标

新时期，面向城乡经济、社会、空间多维深度融合，落实乡村国土空间用途管制成为保障城乡要素交互通道畅通、多维功能协同、价值体系统一的关键手段（戈大专等，2023）。首先应明确，中国不同区域不同类型村庄发展差异较大，统一的管制方式难以满足村庄用途管制的现实诉求，依据不同乡村发展特征划分不同乡村发展类型，并因地制宜为乡村空间用途管制提供管制策略是重要方向。在《乡村振兴战略规划（2018—2022 年）》的村庄分类标准基础上，按需进行二级村庄分类，编制因地制宜、适合不同类型村庄的详细村庄规划，明确不同村庄的管制规则。根据村庄分类指引统筹安排各类空间和设施布局，对全域空间的所有要素进行分级分区管控，体现地域特点和文化特色。基于镇村布局规划确定的自然村庄分类结果，分别对“集聚提升类村庄”“特色保护类村庄”“城郊融合类村庄”“搬迁撤并类村庄”“其他一般村庄”实施差异化的乡村国土空间用途管控策略，明确不同类型村庄空间用途管制的核心目标和重点任务，统筹推进各类村庄布局、基础设施和公共服务设施配置，确保村庄规划有序实施。

在具体手段方面，需要整合现有乡村土地利用管控、公共空间建设等方面的政策，推动相关策略形成统一体系。具体地，通过乡村全域土地综合整治（农用地整治、生态用地整治、建设用地整治）实现空间置换和集聚发展；深化农业空间分类，拓展设施农用地和种养殖用地配置潜力；优化“农、林、水”等一般生态空间管控策略，强化一般生态空间开发准入规则，激活乡村国土空间价值。同时，细化村庄建设引导和管控规则，明确住房建设、设施配给、功能完善、风貌引导的管控要求。此外，引导村民参与，强化多元主体介入，深化“弹性引导”的分区和用途管制，预留留白空间，突出“自下而上”用途管制的衔接（Navarro et al.，2016）。落实“要素+指标+图则+名录”管控体系，强化乡村空间用途“边界、形态、功能”的综合管控。

当前“管制”政府向“治理”政府转变，乡村空间“物质-权属-组织”治理推动城乡融合，将统一行使用途管制作为完善空间治理体系、实现乡村振兴的重要手段。乡村空间治理聚焦于物质、组织和权属空间治理，通过乡村国土空间要素、结构、功能和价值层面的治理实现城乡关系优化、内生动力激发、组织能力强化效应，推动乡村人才振兴、组织振兴、文化振兴目标实现。乡村国土空间用途管制通过对物质实体空间、功能空间、组织空间的管制，协调多类空间的对立与统一，统筹乡村空间的格局与结构。乡村国土空间用途管制是空间治理的落实手段。用途管制通过规划编制、实施许可、监督管理环节的运作，对不同功能空间进行分区与边界划分，以“空间准入+使用许可”管制手段的落实来实现乡村空间治理的落地。

乡村国土空间用途管制通过上下结合、多元主体参与路径强化乡村空间治理。强化乡村国土空间用途管制，完善“自上而下”政策强化，同时激发“自下而上”治理潜力，调动多元主体参与权利博弈动力。用途管制带有政策强制性，但在实施具体管制的过程中，市场因素可以作为行政手段的辅助。用途管制实施过程涉及多元主体参与，通过用地申请、政府审核、村民受益，实现多元主体参与的乡村振兴。乡村国土空间用途管制有利于促进平等权利和空间正义的实现，通过完善基础设施和公共服务，保障平等的发展权利，体现乡村国土空间用途管制推进乡村振兴的社会治理属性。

乡村国土空间用途管制面向乡村物质空间振兴和生态振兴，通过治理完善乡村国土空间结构，统筹城乡空间发展布局，促进乡村生产生活转变和实现高质量发展。乡村国土空间用途管制落实规划管控规则，实现城乡管控一体化、治理目标一体化，推动城乡空间的连通。乡村实体空间管控是对位置固定的土地利用现状进行管制，整治低效用地，审核、管控土地转用，为高效用地提供保障。乡村空间用途管制通过管控乡村低效和不合理用地，合理配置三生空间总量和区位目标，从数量和布局上调整现有空间格局，实现国土空间开发模式和空间格局的优化，有效助推乡村振兴。

乡村国土空间用途管制对土地利用格局、空间聚落体系及产权配置结构进行优化，以协调城乡关系和人地关系，促进城乡融合发展（谈明洪和李秀彬，2021）。依据“山水林田湖草”生命共同体理念，从单一用途管制向国土空间用途管制转型，强调全域空间整体性，统筹空间格局，优化全域空间结构与功能。乡村国土空间用途管制以用地类型规划、转用、监督管理为手段，集约产业用地、保障农业用地、监管建设用地，合理规划不同类型用地布局，改变乡村土地利用破碎现状。以提升农民生活质量为目标，以农村人口分布与乡村聚落现状为基础，通过国土空间及各类建设与保护边界的管制，整合乡村空间功能、聚合乡村空间结构、优化乡村聚落体系。乡村国土空间用途管制整体统筹，通过对农业空间、生态空间、建设空间等不同功能空间的管制优化，形成“人-地-业”协同的空间格局。用途管制调节人口集聚、优化产业结构与布局、集约节约国土空间资源利用，以统筹城乡空间、协调区域发展，改变城乡要素流动和城乡价值流向。乡村国土空间用途管制纵向上涉及不同层级的管制诉求，横向上涉及不同类型区域的空间管控要求。因此，从多维视角构建完善乡村国土空间用途管制的策略体系对强化落实用途管制措施具有重要意义。本书从分级分区管制、功能分类管制、单元落实管制三个视角构建了立体化乡村国土空间用途管制策略体系。

2. 分级分区管制策略

依据镇域、村域、地块三级尺度，按照“逐级分解、要素传导、分类管控、分区细化”的思路与原则，确定“镇域统筹—村域管控—地块深化”的分级分区管控路径（图 8-2）。其中，“镇域统筹”提升乡村国土空间利用效率，推动城乡融合空间一体化管控；镇域在承接上位规划的资源底线要求基础上，统筹并合理分配管控空间要素指标，引导村庄各类用地合理布局。“村域管控”通过整合各类专项规划的用地需求，在农业空间、建设空间、生态空间基础上进一步细化乡村国土空间用途单元，明确各单元承载的用地指标，采取“刚性管控+弹性引导”的管控手段，对于生态保护红线和永久基本农田进行严格管控，而对于不涉及强制性控制的要素，应适当增强规划弹性和适应性，保障乡村国土空间分区管制实现空间高效利用。“地块深化”通过村庄规划将各项管控要素落实到地块图斑中，明确地块用途，落实地类指标，优化用地形态和功能，提升用地效率，以确保管制策略的有效实施。

镇域尺度依据农业空间、建设空间、生态空间三类空间的划分逻辑，落实刚性管控指标分解和“三线”划定成果，细化土地用途单元分区，分类引导村庄风貌管控，合理布局公共服务设施和基础设施，实现乡村空间结构性管控和要素类传导。镇域农业空间严格落实保护永久基本农田、细分农业用途单元、保障耕地质量；建设空间提升土地利用效率，优化空间用地结构和功能；生态空间统筹全域自然资源要素，挖掘生态空间价值，由镇域统筹管制向下传导管制要素内容与管制任务，落实国土空间用途的“数量+质量”控

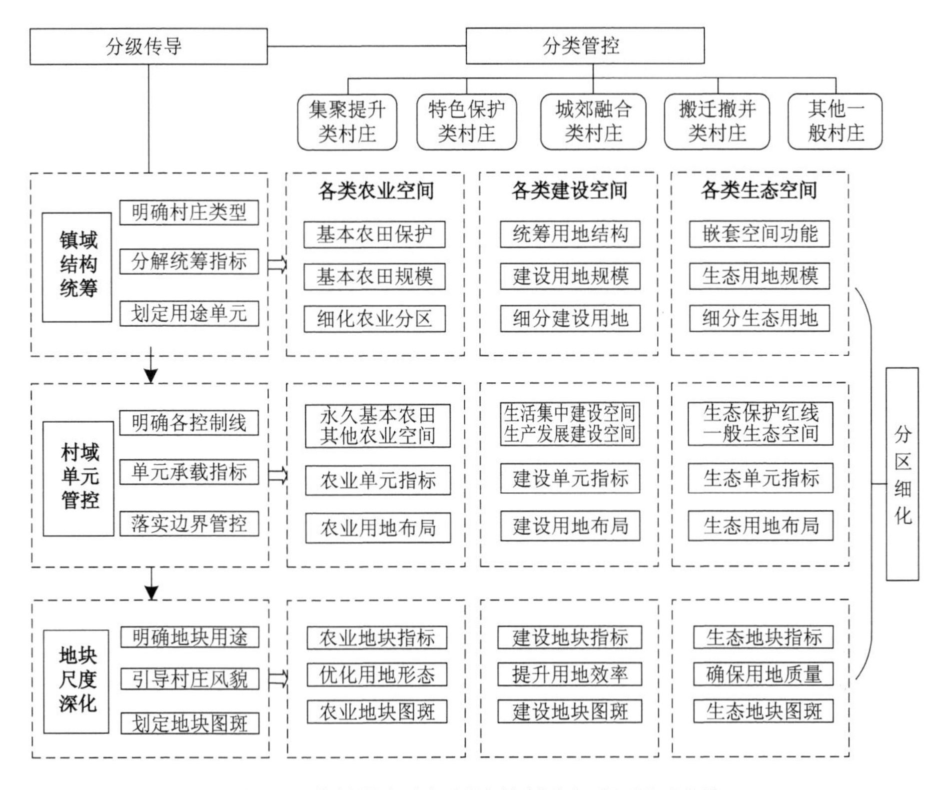

图 8-2　乡村国土空间用途管制分级分区策略框架

制。村域细化用途单元分区管控，对农业空间的永久基本农田保护区落实刚性管控原则，“数质并重”保障粮食安全，同时兼顾农业空间承载的经济、生态、文化多元价值功能；村域建设空间是乡村居民居住、就业、消费和休闲等日常活动叠置而成的空间聚合体，空间体系管控与调整优化应立足于功能整合、结构优化、尺度调控，加强基础设施与公共服务设施的配套建设，提升居民生活质量和生产效率；村域生态空间以提供生态产品和发挥景观生态功能为主，通过人居环境整治，缓解乡村建设空间开发过程中与生态保护之间的矛盾，乡村生态产品价值的保值、增值、提质是实现乡村生态振兴、产业振兴、文化振兴的重要科学路径。

3. 功能分类管制策略

在乡村国土空间分级分区管制的基础上，考虑到不同发展类型的村庄具有不同的发展需求，基于镇村布局规划确定的自然村庄分类结果，分别对“集聚提升类村庄”“特色保护类村庄”“城郊融合类村庄”“搬迁撤并类村庄”“其他一般村庄”进行分类国土空间用途管制（图 8-3），明确不同类型村庄空间用途管制的核心目标和重点任务，统筹推进各类村庄用地合理布局、产业可持续发展、基础设施和公共服务设施有序配置，确保不同类型村庄国土空间用途管制有序实施。

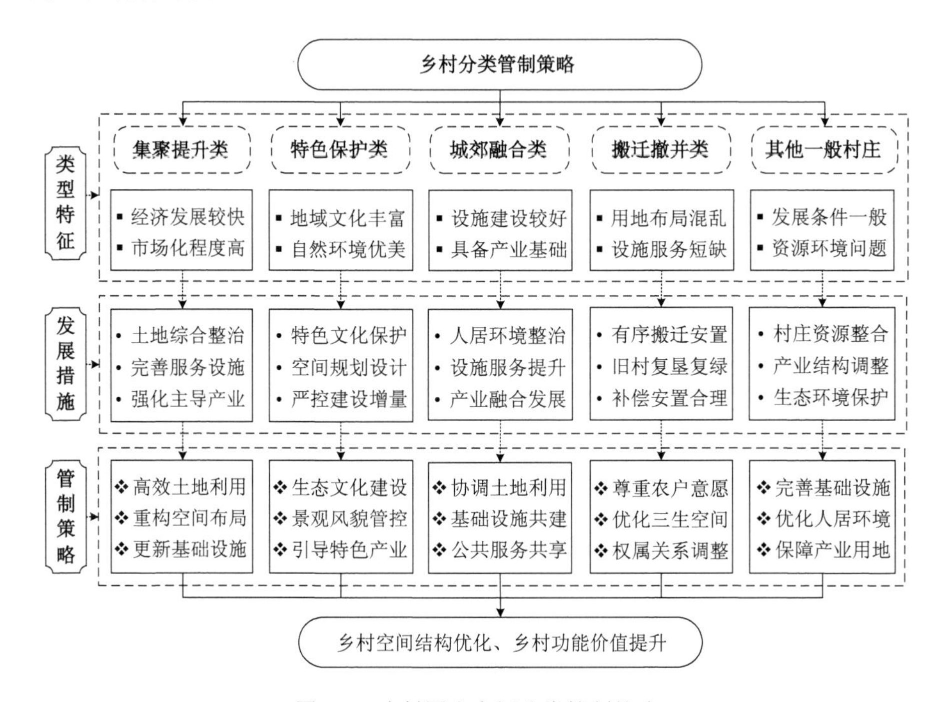

图 8-3　乡村国土空间分类管制策略

集聚提升类村庄是现有规模较大、人口总量大、发展条件优势明显的中心村、重点村，以及在城镇规划建设用地以外新建的新型农村社区。该类村庄经济发展较快，市场化程度高。在对该类型村庄国土空间用途进行管制时，应注重协调生产、生活、生态空间的冲突，优化人居环境，提高土地使用效率，强化主导产业支撑，构造融合生活居住、农业生产和旅游服务的空间功能结构，促进村庄功能转型和空间重构。针对特色保护类村庄的空间用途管制，应统筹村域空间保护、利用与发展的关系，延续传统空间格局和街巷肌理，尊重村庄原有的生活习俗，保持村庄整体的风貌形态。城郊融合类村庄是有效完善城乡空间结构秩序、统筹城乡空间功能布局的主要载体。该类村庄在乡村国土空间用途管制中的土地利用布局和结构优化要综合考虑城镇用地的扩张，协调好各类建设用地和农用地之间的关系，加强城乡一体化土地利用空间布局管控，注重基础设施互联互通和公共服务共建共享，促进城乡产业融合发展，为实现城乡融合发展提供规划实践经验。针对搬迁撤并类村庄用地结构混乱、基础设施建设较差的发展特征，可通过土地综合整治、城乡建设用地增减挂钩等手段，优化村庄土地利用结构，注重废弃闲置用地的复垦利用；同时，开展农业规模化、现代化经营，综合提高土地利用效率。对于其他一般村庄，治理的重点则在于集中保护耕地、盘活存量建设用地、强化基础设施建设及注重生态环境保护与修复。

4. 单元落实管制策略

对于村域空间用途管制细化用途单元分区，强调在镇域统筹下将各类用地指标在空间用途单元中优化配置，村域尺度管制在镇域统筹细化用途单元分区的基础上进行分区边界落实与单元承载指标配置。对于农业空间用途管制，以刚性管控为主，严格落实永久基本农田保护的数量与质量，保障粮食安全；以弹性引导为辅，依托村域范围内不同的资源条件和发展基础，适当发展设施农业、种养殖业等。对于建设空间用途管制，细分乡村生活集中建设空间与生产发展建设空间，进行分区管制。乡村生活集中建设空间的用途管制与空间优化应立足于功能整合、结构优化、尺度调控，注重提升乡村居民的生活质量；优化乡村生产发展建设空间，强调空间置换与集聚发展，充分挖掘存量空间价值，致力于提升空间产出效率，促进产业经济发展。对于乡村生态空间用途管制，需在严格落实生态保护红线的基础上，挖掘生态空间潜在价值，通过土地整治在保障管控区生态功能的同时，探索其生态价值向经济价值转变的路径与方式，保障生态空间在形态、功能上的完整性、连通性和系统性，以及区域生态安全与生态格局，缓解乡村建设空间扩张与开发的过程中与生态保护之间的矛盾，实现乡村的可持续发展。

8.2　面向城乡融合发展的乡村国土空间分类管制方案

8.2.1　村庄国土空间用途管控类型划分

2019 年以来，自然资源部办公厅先后发布《关于加强村庄规划促进乡村振兴的通知》《关于进一步做好村庄规划工作的意见》等重要文件，指导各地有序推进“多规合一”实用性村庄规划编制。《乡村振兴战略规划（2018—2022年）》提出分类推进乡村发展：顺应村庄发展规律和演变趋势，根据不同村庄的发展现状、区位条件和资源禀赋等，按照集聚提升、特色保护、融入城镇、搬迁撤并的思路，分类推进乡村振兴，不搞一刀切。

1）集聚提升类村庄

集聚提升类村庄是现有规模较大的中心村和其他仍将存续的一般村庄，是乡村类型的大多数，是振兴重点，应改造升级，发挥比较优势。

2）特色保护类村庄

历史文化名村、传统村落、少数民族特色村寨、特色景观旅游名村等自然历史文化特色资源丰富的村庄，是彰显和传承中华优秀传统文化的重要载体。应统筹保护、利用与发展的关系，努力保持村庄的完整性、真实性和延续性。

3）城郊融合类村庄

城郊融合类村庄具备成为城市后花园和转型为城市的条件，要积极承接城市人口疏解和功能外溢，加快推动与城镇水、电、路、信息等基础设施的互联互通，促进城镇资金、技术、人才、管理等要素向农村流动。

4）搬迁撤并类村庄

对位于生存条件恶劣、生态环境脆弱、自然灾害频发等地区的村庄，因重大项目建设需要搬迁的村庄，以及人口流失特别严重的村庄，可通过易地扶贫搬迁、生态宜居搬迁、农村集聚发展搬迁等方式，实施村庄搬迁撤并，统筹解决村民生计、生态保护等问题。

除以上四类明确分类的村庄，其他一般村庄单独划分为第五类村庄。

不同类型村庄的全域国土空间用途管制内在逻辑有很大差异，结合村庄类型开展差异化的全域国土空间用途管制从理论层面上是必要且可行的。如何基于村庄类型开展差异化的全域国土空间用途管制是政策实施的焦点，也是理论研究落地实施的关键所在。为使村庄规划建设的目标和重点更为精准，综合地方资源禀赋与多元需求，对村庄类型可以考虑进一步细化和深化。因此，村庄布局规划应将村庄分类作为促进乡村振兴战略在村级层面有效落地的先导工作，并在精确分类的基础上明确各类村庄的功能定位，针对不同类型村庄提出可精准落地的村庄发展引导策略，从而实现乡村功能、结构和规模的总体控制，解决乡村发展的结构性问题，并为村庄详细规划落实全域管控提供上位指导。

在针对乡村国土空间进行分级分区管制的基础上，考虑到不同发展类型的村庄具有不同的现实发展需求，基于镇村布局规划确定的自然村庄分类结果，明确不同类型村庄空间用途管制的核心目标和重点任务，结合“分类-分区”与因事为制的基本思路统筹推进各类村庄用地合理布局、产业可持续发展、基础设施和公共服务设施有序配置，确保不同类型村庄国土空间用途管制有序实施。五种类型的村庄中，针对永久基本农田保护区与生态保护红线区的国土空间用途管制措施手段均为刚性手段。由镇域尺度向下传导，秉承严格落实保护线，需明确用途单元内各类用地数量、规模，保障粮食安全与生态安全战略的实施。用途管制策略的差异主要体现在乡村生活集中建设区、产业发展建设区、一般农业区和一般生态区四类空间用途单元上。

8.2.2　集聚提升类村庄国土空间管制

集聚提升类村庄是现有规模较大、人口总量大、发展条件优势明显的中心村、重点村，在较长时间内仍将持续发展的村庄，以及在城镇规划建设用地以外新建的新型农村社区。该类村庄经济发展水平较高，与其他类别的村庄相比，具有产业类别、发展阶段、空间布局等方面的差异，在保有传统乡村产业的基础上，亟须探索优化乡村建设空间、一般生态空间与一般农业空间之间的关系，通过集聚布局经济生产要素提升生产效率、优化乡村空间结构。

该类村庄具有经济发展速度较快、市场化程度较高的特征，面临着乡村经济生产方式转型与传统空间利用效率低下的矛盾。对该类型村庄国土空间用途进行管制应着重优化乡村内在空间治理，发展多元产业，强化主导产业支撑，促进村庄功能转型和空间重构。具体地，在满足控制红线要求的情况下，结合农民建房和提升公共服务等需求，规划新建住宅、集体经营性建设用地、公共服务和公用设施等用地。对于乡村生活集中建设单元，通过引导农民集中安置，解决农村居民点“多、散、乱”的问题，改善村容村貌，美化农村居住环境，促进土地集约利用。该类村庄在完善用途管制传导目标的基础上，应着力优化人居环境，构造融合生活居住、农业生产和旅游服务的空间功能结构，推动乡村聚落的集聚提升和多元化发展（图 8-4）。

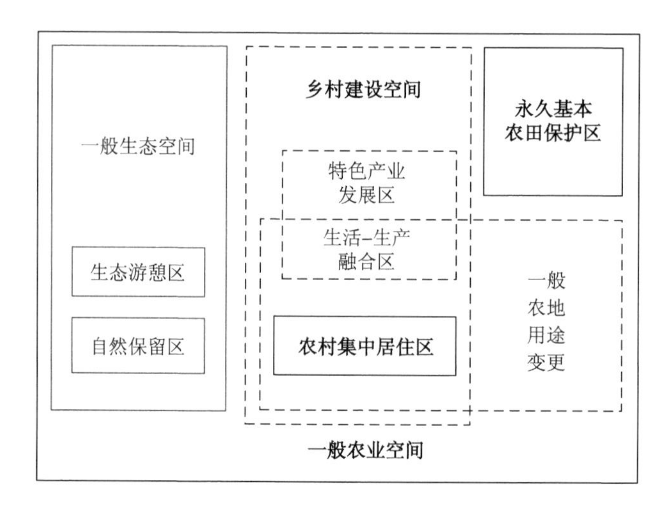

图 8-4　集聚提升类村庄国土空间用途管制

8.2.3　特色保护类村庄国土空间管制

特色保护类村庄是具有丰富历史文化特色资源的村庄，包括历史文化遗迹、传统建筑风貌、特色旅游景观等，是彰显和传承优秀传统文化的重要载体。该类型村庄由于保有珍贵的历史文化特色资源，在乡村国土空间用途管制与空间建设的过程中不宜大拆大建，需要统筹村域空间保护、利用与发展的关系，尊重村庄原有生活习俗，保持村庄整体风貌形态。因此，需要建立不同类型、不同级别的管控名录，加强对现有文物古迹、历史建筑、传统村落及自然田园景观等的保护，延续传统空间格局和街巷肌理；积极鼓励以农业为核心的产业项目和展现本地特色的文化休闲项目进入，并严格管制此类项目的建设用地规模。基于村庄历史文化、自然景观、建筑风貌等，融合生活居住、农业生产、特色展示和旅游服务功能，科学建构乡村空间结构，顺应村庄自然演化规律，顺势建构新时期空间用途管制体系（图 8-5）。

特色保护类村庄可按照风貌保护和特色塑造等需求，妥善安排各类配套设施、景观绿化等用地，还需明确特色资源保护内容、范围和要求，提出特色塑造措施。其国土空间用途管制要求主要是落实永久基本农田保护红线和生态保护红线，严控城镇开发边界，统筹历史文化遗存保护与发展的关系，划定传统风貌、历史文化遗产、风景名胜资源保护紫线，尊重村庄原有的生活习俗，保持村庄整体的风貌形态，加强对现有文物古迹、历史建筑、传统

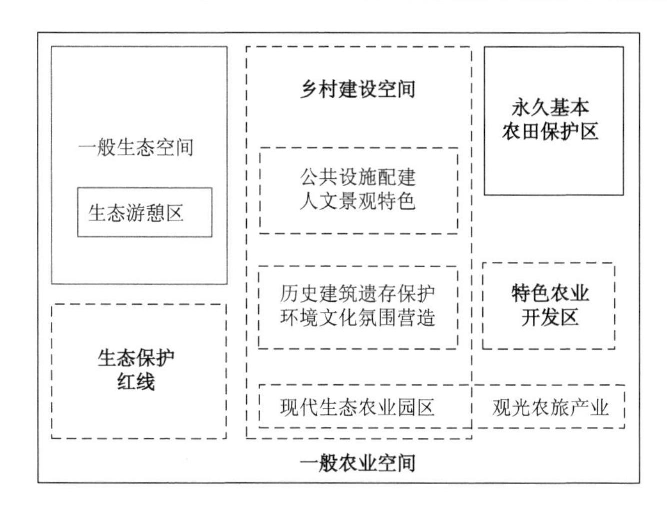

图 8-5　特色保护类村庄国土空间用途管制

村落及自然田园景观等的保护。针对乡村生活集中建设区，需控制建筑高度和总体建设用地量，以规模化和特色化建设为主。建筑风貌应体现本村特色和居民生活习惯，符合村庄整体景观风貌控制要求；根据村庄发展的特色，打造融合村庄历史文化特色的旅游空间与其他经济产业发展空间。按照相关法规要求保护和修缮文物古迹、历史建筑、传统建筑及其他具有保护价值的历史文化遗存。最大限度保持村庄本体原貌，保护并延续村庄传统格局和历史风貌，维护街巷、河道的走势和空间尺度。

8.2.4　城郊融合类村庄国土空间管制

城郊融合类村庄与城镇联系较密切，处于城镇开发边界外，可承接城镇外溢功能，其生态资源保护性较好，应着重发展涉农休闲产业。该类村庄土地利用布局和结构优化要考虑城镇用地的扩张，协调好各类建设用地和农用地之间的关系，以城乡一体化土地利用管理为目标，加强空间布局的管控，注重改善人居环境，加快公共服务共建共享、基础设施互联互通。城乡产业融合发展，在保留村庄风貌的基础上，提升环境整治水平，村庄的治理水平应向城镇治理标准化看齐，可通过社区规划实现村庄转型发展，同时保留村庄的原生态环境和田园风光，以建设城市郊野公园。

对于该类村庄的生活集中建设区，需严格遵循集约利用土地的原则，严格控制乡村建设用地边界，明确乡村人均建设用地数量，推进村民集中式居住，建设紧凑型现代新农村居民点与新型农村社区。严格管控建设强度和新建房屋密度，统筹城乡接合部地区的开发建设，优化其与城镇设施的衔接，为城镇功能拓展预留发展空间。对于乡村产业发展建设空间，进一步完善商业设施、文化设施、医疗设施等的建设，推动村庄整体公共服务品质逐步提升至城镇水平。在空间整治上，将闲置民房、闲置厂房等改造为公共服务设施和产业配套设施；整理闲置建设用地，用于建设停车场、小游园等公共服务设施，在缓解指标压力的同时完善村庄公共服务设施配套。同时，永久基本农田保护区应重点实行空间管控，禁止占用基本农田进行各项非农建设。针对一般农用地，则可根据经济社会发展需要，进行区内农田内部结构调整，但不得破坏耕作层，且仍将按照耕地用途进行管理。对于村内一般生态空间，应重点整治村内河流水系等，改善村庄整体生态环境，保障廊道生态功能可控性（图 8-6）。

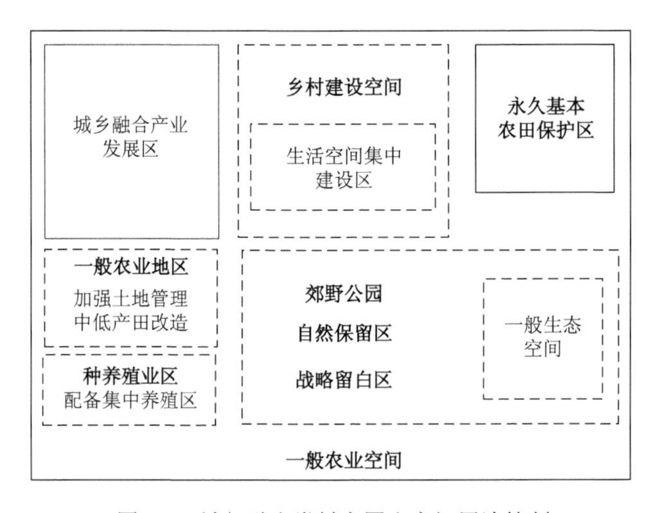

图 8-6　城郊融合类村庄国土空间用途管制

8.2.5　搬迁撤并类村庄国土空间管制

搬迁撤并类村庄原则上应划入（村庄）建设控制区进行管理，未来应逐步有序拆迁复垦。近期暂时不能拆迁复垦的，应严格控制自然村现状用地规模与范围，并保障其日常所需的水、电、环境、卫生等基本生活服务需求。总体上，应以统筹解决村民生计、加强生态保护、改善人居环境和生产生活条件为目标，合理安排各类用地。原村庄用地可通过土地综合整治，优化村庄土地利用结构，严格控制新建、扩建等行为。拆迁的原村庄用地若与新建社区距离较近，可考虑作为新建村庄的基础设施和公共服务设施的建设用地，也可将拆除的居民宅基地整理复垦，优先恢复为林地或者草地，用于生态公益林建设。搬迁撤并类村庄可发展现代化农业，实行农业规模化经营，以转变村民生产、生活方式，提高土地利用率。

该类型村庄建设空间用途管制策略的重点在于乡村居民的生活居住区。应在充分尊重村民意愿的前提下，结合项目建设、产业园区建设等，在生态保护红线外集中建设新居民点，改变原本零散布局的空间状态，严格控制新增用地供给，新增用地仅考虑满足基本民生需求，包括适量的村民安置居住需求、公共设施建设需求及农业生产需求。通过政策指引，引导农村居民点连片发展，鼓励农户集中安置，让农民积极主动地加入减量规划中，保持长期循序渐进地实施。对于产业发展建设区，则以迁并为导向，将产业空间逐步整合到周边村庄或产业园区。在乡村生态空间管控方面，加强村域内地质灾害、洪涝灾害、消防等现实问题及潜在隐患的整治，注重泄洪道、潜在生态风险区的生态修复，保障村民基本的人身财产安全，针对潜在风险较高的区域，积极开展生态修复工作，逐步恢复区域生态保育功能（图 8-7）。

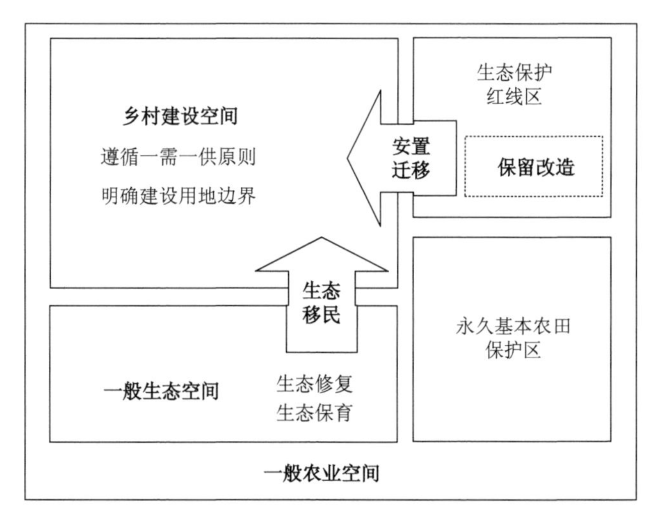

图 8-7　搬迁撤并类村庄国土空间用途管制

8.2.6　其他一般村庄国土空间管制

前述四种确定类型之外，暂时看不准其特征分类的村庄被列为其他一般村庄。对于此类村庄的国土空间用途管制，要充分利用弹性建设空间（规划留白）等技术手段，对村庄发展趋势和空间拓展方向进行综合研判，在原则上预留不超过规划村庄建设用地15%的弹性发展区，以作为未充分考虑到的重大事件或重大项目的预留空间。其他一般村庄原则上不允许新增自然村建设用地规模，待分类明确后再按照上述对应村庄分类进行规划管控。

其他一般村庄进行建设空间用途管制的重点在于盘活村内零星分散的存量建设用地资源，提高土地使用效率。通过优化建设用地布局，适当增加商业设施、教育设施等多种公共服务用地，形成综合服务中心；保障对外交通基础设施用地，优化村内道路交通设施，提升村民生活便利性。其他一般村庄的农业空间用途管制基本沿用村域国土空间用途管制策略。具体来说，需严格保护耕地，落实上级下达的耕地保护任务，严格控制新增建设用地占用耕地；合理确定高标准基本农田近期建设规模，促进土地流转，增加村民收入，形成优势突出和特色鲜明的现代农业产业（图8-8）。

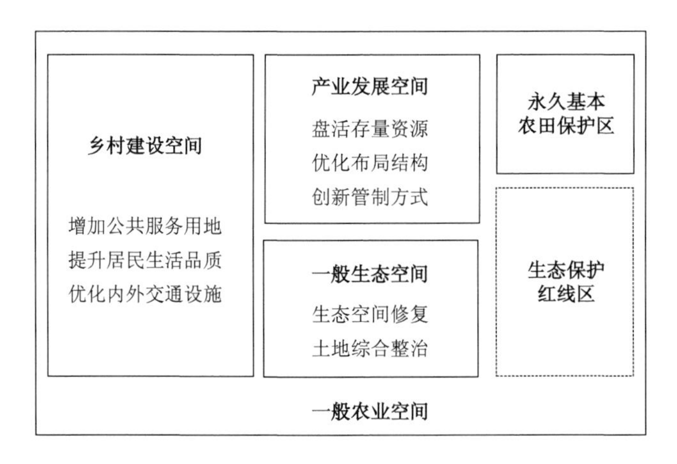

图8-8　其他一般村庄国土空间用途管制

8.3　乡村空间用途管制与城乡融合发展的农区实践

传统平原农区是中国粮食生产的核心地区，也是城乡转型发展相对滞后地区。以乡村空心化为特征的传统农区的发展过程成为解析农业生产转型的宏观背景。传统农区人多地少的人地关系紧张格局，叠加乡村空心化过程加剧了该地区乡村空间利用问题，从另一个侧面说明以乡村空间治理为手段，为破解传统农区农业生产转型困境提供可能。乡村空间治理通过空间结构优化、政策赋权调控、组织机制协调等多重手段，有利于实现乡村空间高效利用、治理能力提升、多元主体参与，为提升国土空间治理能力和完善治理体系创造条件。农业生产转型是观察乡村发展演化的一个重要窗口，乡村空间治理与农业生产转型密不可分，因此可尝试基于乡村空间“物质-权属-组织”治理体系，探讨农业生产空间挖掘、效益提升和体系完善的可行机制（戈大专等，2021）。

8.3.1　农区空间治理与农业生产转型

1. 农业生产转型与管制视角下的乡村物质空间治理

结合乡村空间用途管制策略，通过治理乡村物质空间的不合理利用方式和状态，挖掘乡村空间的开发潜力，提升乡村空间利用水平，改善乡村空间结构和功能特征，进而摆脱农业生产空间受限的困境。乡村物质空间治理有助于优化乡村要素配置，改变乡村空间结构特征，为农业生产转型提供物质载体。以土地整治、高标准农田建设、生态化空间保护与修复等为手段的乡村物质空间治理体系，为优化农业生产结构创造条件。土地整治在增扩农田规模、改善耕地质量、完善耕地结构、优化村庄布局等方面可发挥重要作用。通过土地整治，优化耕地空间布局，改善耕作条件，为完善农业生产奠定物质基础。乡村三生空间的生态保护与修复工程是农业生产绿色化和可持续转型的前提。以乡村三生空间生态保护与污损退化土地修复为核心的生态化治理，有利于改善农业生产的基底环境。以农业生产化肥和农药减量化为目标的耕地生态化利用方式，为推动农业生产绿色转型奠定基础（图 8-9）。

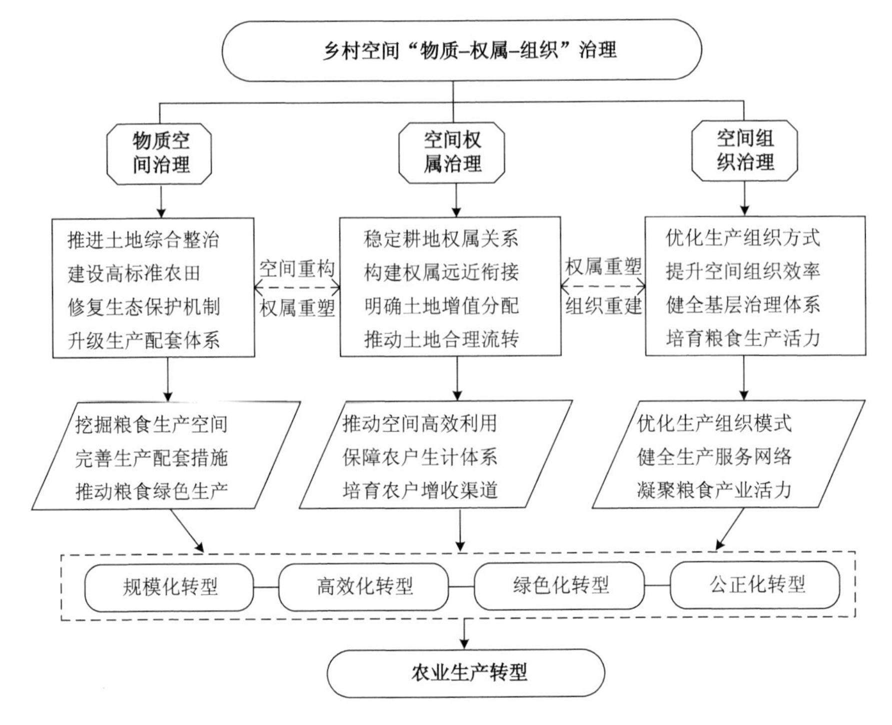

图 8-9　管制视角下的乡村空间治理与农业生产转型机制

2. 农业生产转型与管制视角下的乡村空间权属治理

乡村空间用途管制为乡村空间权属治理提供有效手段，乡村空间权属治理则为明晰空间权属关系，梳理权属不清的模糊状态，确立乡村空间权利分配体系奠定基础，为保障农户在农业生产转型过程中的生计体系创造条件。“耕地是农民的命根子”，也同样是粮食生产的根基。基于农业生产空间权属困境，从完善农户耕地承包关系着手治理耕地权属关系，稳步落实耕地“三权分置”制度；建立耕地权属近远期衔接机制，从而实现从近期到远期的耕地权属明晰与农户权益保障机制，激发农户粮食生产投资的积极性，推动农业生产转型与农户生计体系保障双重目的的实现。同时，乡村物质空间治理与权属治理密切相关，妥善调整新增溢出耕地权属关系有利于推动耕地权益合理分配。完善新增溢出耕地权益分配机制有利于扩大耕地聚集趋势，改变耕地分散经营模式，为农业生产规模化奠定物质基础。此外，乡村空间权属治理为改善土地流转不稳定因素提供保障，进而推动农业生产模式的转变，通过权属治理充分发挥土地流转推动农业生产转型的核心作用（图 8-9）。

3. 农业生产转型与管制视角下的乡村空间组织治理

乡村空间组织治理从优化农户生产模式、完善农户生计体系、健全多元主体参与方式等方面推动农业生产转型，乡村空间用途管制有助于实现乡村空间组织的有效治理。乡村空间组织高效有利于推动农业生产组织模式的演化，为改变小农分散的农业生产组织模式创造条件。通过乡村空间组织治理提升空间利用潜力，统筹各类空间利用方向，共同服务于农业生产体系的转型升级。乡村空间组织治理为保障农业生产体系的完整创造机遇，如乡村废弃厂矿的改造和乡村公共空间的开发保护，有利于推动乡村空间高效利用，为服务农业生产体系构建提供条件。

乡村空间组织治理推动乡村空间的高效利用过程，为优化种粮农户收入结构、推动农户生计转型创造条件。通过乡村空间组织治理，优化乡村空间组织方式与效率，为发展农业生产综合产业链创造条件，进而改善区域农业生产产业体系，推动农户就业模式多样化、收入来源多渠道化、农户生计体系稳定化的实现。完善乡村空间组织方式，为健全乡村多元利益主体参与治理方式和推动农业生产组织体系高效化提供机遇。完善乡村空间组织模式是推动乡村治理有序的重要手段，在尊重各方利益诉求的基础上健全多元主体参与农业生产的方式和模式，有利于凝聚农业生产的吸引力（图 8-9）。

8.3.2　香埠村乡村空间用途管制与农业生产转型

香埠村物质空间用途管制有效提升了农业生产保障能力。香埠村空间用途管制通过高标准农田建设和土地综合整治改善了耕地耕作条件，为调整农业生产组织模式创造条件。此外，针对农田排灌和农业生产配套设施的修缮有效提升了农业生产的抗风险能力。乡村空间权属治理在香埠村农业生产转型中起到了重要作用，主要表现为通过明晰耕地流转前后的利益分配机制确保耕地流转有序进行，在促进耕地流转重组与合理界定耕地动态权属的基础上，着力追求农业生产的规模化与公正化转型。村内荒废和低效使用的公共空间的用途管制的核心是重新确立权属关系，以此打破利益格局，推动旧地新用、公用、增效使用，促进农业生产高效化、公正化。乡村公共空间演变成为农业生产的重要配套设施，为加强村集体在农业生产组织和转型升级等方面提供基础。

香埠村空间组织治理主要涉及与农业生产密切相关的耕地组织及其社会经济关系组织。在人口城乡迁移背景下，香埠村耕地出现了流转趋势，主要是农户和村内种植大户之间的流转。耕地进行大规模田块调整后，农业生产组织模式由分散经营向多种经营模式转型，村“两委”成为农业生产经营的核心推动者和执行者。产粮空间集中运作、村集体聚拢农业生产的掌控权，有助于聚集力量治理、净化并维护农业环境，进而统筹全局、提效增绿。由此可知，香埠村乡村空间“物质-权属-组织”治理从规模化、高效化、绿色化、公正化方向发力，形成合力共同作用于农业生产转型进程。以空间用途管制导向的农业生产转型为契机，香埠村公共空间利用效率提升，价值分配趋于公正，公共服务能力显著提高（如村内养老服务设施的改善）。

1. 乡村空间用途管制提升农业生产效率和效益

基于空间用途管制优化香埠村空间结构与功能，是推动农业生产效率与效益提升的重要手段。效益提升主要表现在经济效益与社会效益两个层面，经济效益主要来源于农业生产的规模化、高效化趋势，而社会效益主要源于绿色化与公正化的转型趋势。当前，香埠村农业生产在农户层面吸引力较低，主要原因在于种粮收益率太低、规模化生产基础不成熟且风险较大，农户生产缺乏稳定的收入预期和合理的体制保障。传统农区农业生产集约化与农户兼业化成为常态，乡村物质空间治理中土地整治措施有助于推动高标准农田建设，优化香埠村“生产-生活-生态”空间结构，提升农业生产效率。此外，香埠村道路条件、水利设施、粮食加工仓储等生产条件在乡村空间用途管制中均有明显改善，农业生产配套网络也逐步完善，农户将耕地流转给农业公司，每亩高出地方平均价格 20%，流转收益增加。此外，通过耕地整治、空废用地盘活、公共空间治理等手段，进一步提升了香埠村空间利用效率、组织程度与公共服务价值，为推进农业生产的规模化、高效化、公正化和绿色化转型创造条件。

香埠村空间用途管制导向的乡村人地关系优化过程，提升了乡村空间的多重价值属性，有利于拓展乡村发展要素的城乡流动基础，为健全粮食全产业链发展提供条件。通过空间治理，全村建成高标准农田 1000 多亩，农业生产基础条件显著改善。香埠村空间权属和组织治理措施的核心是重构农业生产的权益体系和运转模式。以打造富硒稻米品牌为突破口，乡村物质空间治理是基础保障，而溢出耕地的集体经营方案和“村企合一”的生产组织模式是推进香埠村农业生产转型的核心驱动力。因此，香埠村空间“物质-权属-组织”治理，有效改善了农业生产空间利用效率和收益分配体系，着力引导规模化、高效化、公正化、绿色化的“四化”产粮转型趋势。

2. 乡村空间用途管制保障农业生产有序转型

香埠村空间治理推动多元主体参与的农业生产组织模式和体系转变，有利于推进乡村生产体系系统演化。以成立村集体所有的农业开发公司为事件节点，香埠村空间治理强化了村集体的经济属性，凸显了其主体地位。村企合一的产业运作模式，吸收了 500 多亩村内高标准农田作为企业的标准化生产基地。香埠村空间治理的关键是推动了小农生计型、兼业型、分散型农业生产经营模式向规模化、高效化、专业化、市场化转型。在这个过程中，空间“物质-权属-组织”治理体系的核心作用是完善了空间价值体系和分配方式,价值分配明晰公正直接激发了农户开展生产模式和组织体系创新的动力。此外，空间治理深化农业生产的社会化服务组织体系建设，推进农业生产的政府统筹与市场调节相结合。

香埠村空间治理推动了土地流转与适度规模经营，开拓了农业大户和专业合作社的规模化、高效化发展路径。乡村空间权属（尤其是公共空间）关系公正明晰，为多元主体参与农业生产，完善农业生产收益分配体系铺平道路。多元主体参与香埠村农业生产活动是聚拢生产资源、激发生产效率、开拓产业前景的有效路径。通过空间治理，香埠村农业生产过程中村干部、市场主体、乡村精英、传统农户、返乡农户等多元主体参与了乡村生产体系的博弈，农业生产格局特征也随着多方博弈力量的变化而演变。村集体以多元资本筹建的农业加工企业，拓展了香埠村村集体经济运转模式和经营范畴，村内返乡农户在村庄发展面貌改变之后加入村庄的产业开发中。农户生产组织体系由松散向集聚转变的过程，使农户主体意识被激发，乡村“沉默的大多数”在空间治理过程中拥有了部分话语权，多元主体参与的农业生产转型过程初步显现。

8.3.3 管制视角下香埠村空间治理驱动城乡融合发展路径

香埠村管制视角下的空间治理“人-地-业”协同推进是保障农业生产有序转型的关键内容。香埠村通过空间用途管制与空间综合治理，拓展了多元主体参与乡村生产的积极性和可能性，多元主体博弈关系复杂化，有效改变了政府主导型乡村治理传统路径。空间综合治理改变了土地利用方式，土地利用进入规模化、高效化、公正化、绿色化的快速转型期。香埠村人地关系协调推进的过程，为拓展产业发展能力创造条件。香埠村空间治理引导人口、土地利用和产业发展转型的过程，有效推进了“人地关系协调-居业协同并进-产地融合强化”的农业生产转型。香埠村空间治理导向的农业生产转型路径效应，不仅停留在农业生产领域，还为破解传统农区乡村转型问题提供较好的案例（图 8-10）。

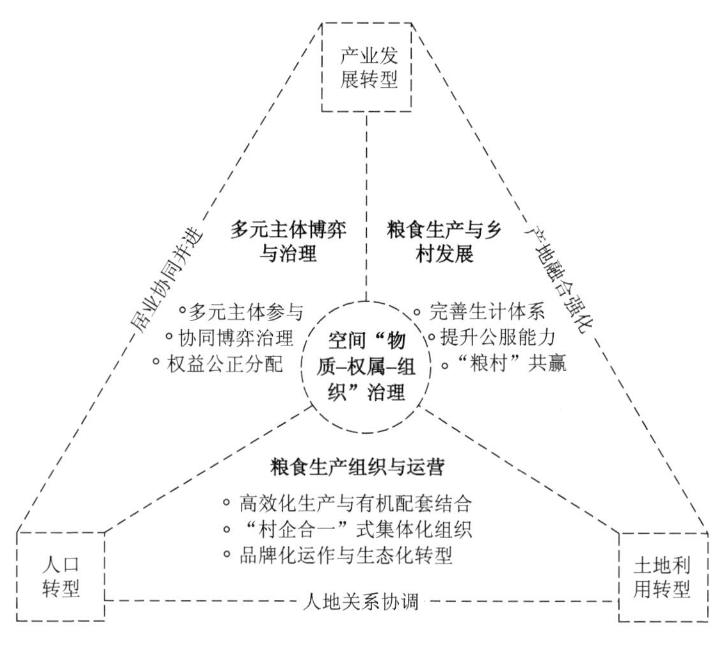

图 8-10 香埠村空间用途管制与农业生产转型

空间管制与空间治理导向的农业生产转型从人口、土地利用与产业发展转型三方面着手，有助于剖析其与粮食安全的内在关系。传统农区农业生产转型进程中，乡村人口生计体系趋于完善、空间权益正义分配、就业创业迎接机遇、行动组织更为高效，由此改善粮食生产条件。空间用途管制与治理带来的土地利用转型，有利于传统农区水土质量改善、土地流转高效、土地效益提升等，从土地的数量与质量两方面保障粮食安全。传统农区产业多元发展，有利于完善小农生产组织，推进现代农业生产体系建设，推动农业生产、农户增收、乡村发展三者互动协同，在保障农户可持续生计的基础上，推进乡村可持续发展，夯实粮食安全基础。

经过乡村空间用途管制与空间综合治理，香埠村耕地生产连片化，农田基础配套条件明显改善，治理荒废和污损土地使粮食安全的生态基底得以优化。通过香埠村空间权属与组织治理，凸显了村内公共空间价值，明晰了农业生产的空间权益分配。土地规模经营、品牌化运作、多元主体参与的农业生产产业链条得以深化，农业生产转型与乡村发展的良性互动进一步夯实了粮食安全的基础。

研究发现，乡村空间治理对乡村集体组织能力、公共服务能力、空间资产价值等方面均有显著提升作用。乡村空间治理带来集体权力延伸，重构了村庄多元主体力量结构，空间关系由“弱联系”向“强联系”转型，促进空间效益结构完善和整体效益提升。多元主体参与的乡村空间治理过程，提升了乡村个体权利主张的能动性、多元主体博弈的可能性、人口回流创业的积极性。以乡村公共空间治理为代表的空间权利重组过程，为产业化发展提供了经济基础、组织基础和物质空间基础。空间治理带来村庄发展机遇的同时，潜在的风险也不容忽视，如集体权力监督和约束机制不健全，政府、市场和社会三元力量博弈协调等问题仍是传统农区空间治理亟须解决的问题。

参 考 文 献

戈大专, 龙花楼. 2020. 论乡村空间治理与城乡融合发展[J]. 地理学报, 75(6): 1272-1286.

戈大专，陆玉麒，孙攀. 2022. 论乡村空间治理与乡村振兴战略[J]. 地理学报，77(4): 777-794.

戈大专, 孙攀, 汤礼莎, 等. 2023. 国土空间规划支撑城乡融合发展的逻辑与路径[J]. 中国土地科学, 37(1): 1-9.

戈大专, 孙攀, 周贵鹏, 等. 2021. 中国传统农区粮食生产转型机制及其安全效应——基于乡村空间治理视角[J]. 自然资源学报, 36(6): 1588-1601.

刘彦随. 2018. 中国新时代城乡融合与乡村振兴[J]. 地理学报, 73(4): 637-650.

谈明洪，李秀彬. 2021. 从本土到全球网络化的人地关系思维范式转型[J]. 地理学报,

76(10): 2333-2342.

Halfacree K. 2007. Trial by space for a 'radical rural': Introducing alternative localities, representations and lives[J]. Journal of Rural Studies, 23(2): 125-141.

Lefebvre H. 1974. The Production of Space[M]. Blackwell: Oxford.

Meyfroidt P, Roy Chowdhury R, de Bremond A, et al. 2018. Middle-range theories of land system change[J]. Global Environmental Change, 53: 52-67.

Navarro F A, Woods M, Cejudo E. 2016. The leader initiative has been a victim of its own success. The decline of the bottom-up approach in rural development programmes. The cases of Wales and Andalusia[J]. Sociologia Ruralis, 56(2): 270-288.

第 9 章　乡村空间治理创新路径

9.1　推进城乡融合发展的路径探索

国土空间规划落实城乡融合的可行路径需要破解当前体制机制的核心障碍，探索多目标国土空间规划机制落实措施，推进城乡空间治理现代化。从城乡空间治理能力提升和制度设计出发，探索国土空间规划落实城乡融合发展的路径具有现实的可操作性。城乡国土空间结构功能体系优化、城乡国土空间用途管制体系创新、城乡国土空间治理融合统筹为落实上述目标提供依据。从城乡国土空间地域发生规律出发，探索基于用途管制的发展权城乡配置体系，谋划城乡空间统筹治理的系统性架构，为探索破解路径提供指引。

1. 优化城乡空间网络体系，保障空间有序高效开发

城乡社会经济发展要素的双向流动，需要改变城乡地域系统的结构功能状态，进而破解城乡国土空间交互作用的内在障碍，重塑城乡互动格局，重构城乡空间网络体系，以城乡空间网络联动推动城乡融合发展目标的落实。现阶段城乡融合发展需要突破的问题仍需从二元轨道的城乡国土空间管控不互通、城乡国土空间价值分配不均衡、城乡空间权利配置不对等入手找到突破口。“三区三线”的格局与动态调整能否适应城乡转型的科学规律和阶段性城镇化的目标，仍需进一步论证和科学调适。研究差异化的城乡空间结构转型过程，探索城乡发展要素双向流动对城乡空间结构功能的影响机制，进而分区调控城乡空间结构功能体系，打破城乡空间结构功能不协调、城乡互动不通畅、城乡价值难流通的现实问题。针对大都市区、传统农区、典型牧区、绿洲地区等类型区，优化城乡空间结构功能的主控要素，建设城乡空间网络体系，服务多目标发展导向的城乡转型趋势（图 9-1）。

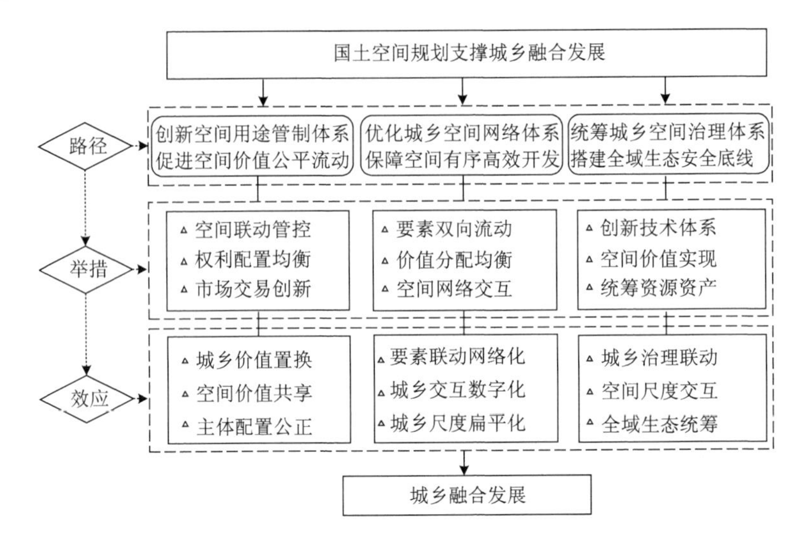

图 9-1　国土空间规划体系下城乡融合发展路径

新时期，城乡空间网络化、联动数字化、互动跨尺度扁平化趋势为城乡空间网络建构创造机遇，基于空间网络化的国土空间规划实施体系为城乡融合发展创造条件。当前，城乡空间网络化交互作用频繁，尤其在信息技术和现代交通网络综合作用下，城乡空间跨尺度作用成为跨越城乡“鸿沟”的重要渠道，为打通城乡空间治理障碍、疏通城乡发展要素流通通道创造条件。因此，强化跨尺度作用对空间结构功能的优化作用，扩充地域承载力的内涵体系，进一步明确城乡远程耦合作用的价值体系，为城乡空间功能交换和价值交易提供理论和实践渠道。以城乡空间网络化为平台，科学评价空间流动性对国土空间承载力和开发适应性理论与实践的扩展作用。从城乡空间结构的连续性和功能的多样性出发，以城乡空间网络和空间流动系统为突破，建构面向城乡高质量发展、城乡空间联动开发、城乡空间多层级流动的空间开发逻辑，突破当前限制开发与僵化保护的线性空间开发思维，服务城乡融合发展诉求。

2. 创新空间用途管制体系，促进空间价值公平流动

构建面向城乡空间均衡发展的土地配置联动体系，进而解决国土空间用途管制初次发展权配置失衡和城乡差异化用途管制体系带来的现实问题，推动城乡空间价值公平流动及城乡融合发展的机制创新。国土空间规划试图建

立协调与平衡的空间管控体系，使其成为平衡空间发展差异的重要工具。刚性约束有力，但弹性管控措施不足将成为限制国土空间规划实施成效的关键因素，为了缓解刚性管控机制缺陷，需要探索城乡空间跨区域联动管控路径，突破区域空间用途管控的制度障碍（如建设用地指标跨区域交易、虚拟耕地指标保护等）。此外，因地制宜探索城乡国土空间用途管制联动激励制度，破解当前城镇化过程中低效扩张和乡村建设失序等现实问题。以城乡建设用地“增减挂钩”制度为基础，创新开展城乡国土空间用途管制的联动实验，突破现有指标交易的空间置换逻辑，从发展权配置视角出发，突出城乡土地市场与用途管制的互馈机制，建立“土地用途管制→住房制度改革”的城乡联动制度创新链条。创新交易手段和市场配置方案，探索建立城乡建设用地市场化运转平台，开辟城乡融合发展特殊用途区（或城乡融合规划试验区），构建城乡国土空间用途的差异化价格形成机制，发掘农村建设用地价值实现的新渠道和新路径。

完善城镇空间、乡村空间和生态空间的用途管制体系，以城乡空间价值公平为导向创新用途管制模式，开辟面向城乡公平发展的国土空间规划实施体系。城镇空间重点关注刚性指标传导与分区管控的结合，推动城乡网络结构的互联互通，让渡土地发展收益向农村倾斜。乡村空间治理探索在组织层面打破城乡要素双向流动的障碍，在权属层面更多地给予基层和村民发展权，进而推动落实乡村产业发展诉求、公共服务配给要求和基础设施完善目标。以实用性村庄规划为突破，以产业发展为动力，以用途管制为手段，统筹建设乡村基础设施、开辟乡村产业发展空间，提升乡村生态保护与文化传承能力，提高城乡融合发展中要素互动与结构互通的水平，落实乡村优先发展战略。推动生态空间治理，细分生态空间划分方案，挖掘自然保护区和自然公园的休憩娱乐与生态涵养功能，推动一般生态用途区的价值开发，创新生态空间价值实现与转化机制，以城乡空间网络交互为基础探索城乡生态空间价值的公平交易。

通过探索多元主体有效参与方式、多级市场尺度交互模式、多种组织方案融合路径，推进城乡国土空间用途管制体系建设，服务城乡主体公平参与的空间规划实施机制。以土地征收改革、集体经营性建设用地入市和宅基地改革为基础，打破城乡空间利益不均衡配置壁垒。以乡村空间资源资产运营市场化改革为切入点，研究乡村国土空间价值转化的可行方案，探索城乡国土空间用途转用的市场化运转机制。在管控落实层面，创新多元主体力量参与空间管控的有效机制，减少行政管控“成本高而成效低”等问题。开辟乡村空间组织化和集体组织制度化模式，通过农村集体组织法人制度化、农村集体组织协调现代化、农村集体资产管理规范化、农村集体事权参与多元化等手段，落实乡村空间用途管制的多元监督和议事制度，完善乡村空间用途管制成效。

3. 统筹城乡空间治理体系，搭建全域生态安全底线

城乡国土空间统筹治理是完善全域生态安全底线的基础，现有治理逻辑和技术体系需要新的突破，以服务城乡融合的空间安全支撑体系。城乡分割的治理体系在现有国土空间规划体系中仍较为明显，保护耕地、修复生态、保障发展在不同城镇化阶段体现出的矛盾综合体具有差异化特征，不能“顾此失彼”，更不能“因噎废食”。因此，需要从城乡转型规律出发，探索面向“发展-公平-生态”多目标的城乡空间治理逻辑体系，突出城乡空间联动逻辑，以城乡空间共治为手段，将国土空间规划与城乡融合发展的共同目标在统筹治理中得到落实。从生态系统发生演化规律出发，结合城乡生态空间差异化地域特征，制定全域生态治理方案，打破条块分割和城乡分离的生态治理思维，在国土空间规划编制与实施过程中落实城乡统筹的生态治理方案，探索全域生态安全底线协调方案，服务城乡融合发展目标。

构建城乡国土空间资源资产统筹配置的多元实现渠道，拓展城乡空间治理价值流通的技术通道，完善城乡空间统筹治理的现实逻辑。满足城乡公共服务统筹目标，积极推动城乡公共服务供给一体化、基础设施配套一体化和社会保障机制一体化，促进城乡公共服务融合发展。城乡公共服务配置的统筹治理需要在技术层面进行科学的模拟，科学预测城乡公共服务配置的时序阶段和空间布局，提升空间治理配置效率。统筹国土空间技术体系应对接前沿数字信息技术，将智能空间调控预测与国土空间信息数据库对接，研发国土空间信息系统智能治理平台，提升城乡空间统筹治理的技术水平和预测能力，服务全域生态安全治理的定量测度与科学预测。

9.2　乡村数字空间治理与城乡融合发展

乡村空间范畴因研究视角不同存在认知范围的差异，主要聚焦乡村国土空间及其延伸的空间形态(空间权属关系和空间组织体系等)。也有学者认为，除此以外，乡村空间还包括社会空间和文化空间等非物质空间，进而探讨乡村非物质空间治理与乡村振兴的内在关系。乡村物质空间与非物质空间共同构成了乡村空间，因此乡村空间治理在某种程度上也应在非物质空间治理领域进行尝试和探索。在物质空间治理的基础上，尝试从空间权属治理和空间组织治理入手，探索乡村空间综合治理的理论内涵，从空间隐性形态治理的视角关注乡村非物质空间治理。深入探讨乡村空间多元融合治理是未来乡村空间治理的重要研究方向，深化乡村社会文化空间治理将有利于完善乡村空间治理理论体系。

针对多尺度乡村空间特征的定量测度和可持续模拟是亟待拓展的创新领域。本书虽然从多个尺度出发尝试解析分尺度和分维度的乡村空间特征，但尚缺乏科学的评价体系。因此，面向空间治理现代化，充分吸收多学科创新方法，尤其是大数据等现代数字技术对空间流动带来的显著影响，从多源数据出发，建设高精度城乡空间响应的评价体系，科学地探测城乡空间流动的网络通畅度和拥堵度，评价跨尺度乡村发展要素流通的潜力和能力，为深化数字化乡村空间治理提供数据支撑。

1. 空间网络化和城乡扁平化为数字化乡村空间治理创造条件

乡村空间利用问题与城乡空间统筹困境是面向高质量发展的重大障碍。交通基础设施的快速建设与信息技术的数字化发展推动城乡空间的尺度重塑与空间治理的扁平化发展，空间联系网络化和城乡联动扁平化成为当前城乡空间利用的重要特征，数字化乡村治理既是乡村振兴战略方向，又是建设数字中国的重要内容。《数字乡村发展战略纲要》指出，统筹发展数字乡村与智慧城市，加快形成共建共享、互联互通、各具特色、交相辉映的数字城乡融合发展格局，避免形成新的“数字鸿沟”。

长期以来，有关智慧城市的建设、治理、技术等方面的研究开展较早，成果颇丰，但由于中国乡村空间的“离散性”与数据获取手段的“有限性”，数字乡村建设仍处于持续探索阶段，亟须在理论框架与技术手段方面做出突破性创新。数字化乡村空间治理基于乡村空间利用问题与城乡统筹现实困境，整合现代信息化、数字化、网络化技术，科学模拟、预测乡村实体物质空间，成为未来城乡（空间）治理的重要方向。

当前，城乡割裂的空间治理不能适应现代化城乡空间治理现实需求，城乡空间综合治理不足成为限制城乡融合发展的诱因，导致“城市病”和“乡村病”叠加。城乡空间分治导致城乡空间开发利用政策和空间开发价值流向的巨大差异，以空间用途管制为核心的空间治理措施，进一步强化了空间治理的城乡撕裂。同时，多尺度城乡空间在要素流通网络、空间结构网络、功能配置网络等方面均存在流通网络不畅通等现实问题，限制了通信数字化和交通便捷化给乡村发展带来的巨大机遇。以城乡聚落体系为代表的空间结构网络不畅通主要表现为规模体系的不协调和空间配置的不合理，难以支撑城乡空间高效开发的目标。

数字化乡村空间治理立足于城乡空间综合性、区域性和流动性特征不断强化的趋势，面向城乡空间综合统筹不足、空间异质性价值不显化和空间流动性网络不畅通的现实困境，以科学的信息技术手段动态模拟、预测乡村空间利用形态，精准破解乡村空间利用问题，搭建乡村空间治理框架体系，为乡村空间治理提供有力的科学依据与方法支撑。以典型样区为例，整合多源大数据集，从中提取有效的乡村空间信息、人口流动信息、居民属性信息等，构建多模型模拟库，深入挖掘数据集并形成种子数据集，强化研究可复制性与可推广性，突破以往研究局限于单个乡村案例调研与单一土地利用数据进行乡村空间利用形态刻画的掣肘，有力推动数字化乡村空间治理的发展，促进现代化城乡空间治理能力与水平的提升。

2. 数字化乡村空间治理服务城乡融合发展机制待完善

数字信息能够提升信息传播能力、降低交易成本、提高人力资本等，进而赋能乡村产业发展，促使农村农业资源整合，促进第一、二、三产业融合，推动农业产业全面升级。数字经济发展为乡村带来了新的产业（如网络电商），也为乡村企业的生产流程提供数字化支持，为乡村带来了更高的经济效益。数字化作为一种关键的生产要素，以人为核心，通过扩散效应、溢出效应及普惠效应，为数字乡村建设提供赋能机制，有效促进共同富裕目标的落实。

数字乡村建设通过发展权的扩散完善城乡融合发展机制，打破空间壁垒，推动发展机遇溢出及数字普惠效应的扩大，提升乡村发展潜力。

数字乡村建设成为实现乡村振兴“换道超车”与共同富裕的关键路径之一，在高质量发展中推进共同富裕对数字乡村建设提出更高的标准与要求。共同富裕是数字乡村建设的价值目标，数字乡村建设是推进乡村振兴与共同富裕的重要手段与战略方向，发展乡村数字经济，通过乡村生产、生活、生态空间的数字化嵌入，发挥信息技术创新的扩散效应、信息和知识的溢出效应、数字技术的普惠效应，促进乡村产业升级、内部自我进化，缩小城乡发展差距，推进城乡协调发展。然而，数字乡村建设助推城乡融合发展的机理和逻辑不清晰，缺乏系统的理论机制支撑；数字乡村建设缺乏新理念、新思路，数字转型相关理论与问题阐释不清晰，缺乏可复制推广的数字乡村建设模式；数字乡村建设区域差异显著，与城市相比，乡村基础信息建设明显滞后，代际和阶层“数字鸿沟”与技术壁垒问题凸显；乡村政务数字化治理体系尚不完善，政务信息平台利用率低、规范性差。建构面向时代发展的数字化乡村空间治理体系面临新挑战。

破解城乡融合发展的体制和机制障碍是推进乡村振兴的前提条件。新时期，数字化乡村空间治理是伴随网络化、信息化与数字化在农业农村经济社会发展中的应用，也是随着乡村现代信息技术的提高而内生的乡村现代化发展与转型途径。然而，集聚复合的城市空间与离散多样的乡村空间共同构成了国土空间地域特征，乡村空间的“离散性”与乡村数据获取手段的“有限性”决定了数字化乡村空间模拟与空间综合研究的难度较大，建构可度量、可模拟、可跟踪的乡村空间信息平台将极大地提升乡村空间的综合分析和模拟能力。当前，数字化乡村空间治理与决策体系亟须从理论和技术手段等层面进行完善，更新迭代乡村空间治理概念体系与理论框架，从底层空间数字信息采集入手，通过信息技术和网络分析技术，实现多尺度乡村空间大数据的聚合，为高精度测度乡村空间分异与交互、数字化乡村空间治理提供数据和方法支撑。

在新时代，城乡融合发展内涵不断丰富深化，发展乡村数字经济，通过对乡村治理、基础设施和产业的数字嵌入，发挥信息技术创新的扩散效应、信息和知识的溢出效应、数字技术的普惠效应，进而构建面向新时代数字乡村空间治理体制机制，服务于农业强、农民富、农村美的美好愿景。以新时代数字乡村建设为导向，分析数字乡村空间治理的机制，解析数字乡村空间治理服务城乡融合发展的潜力与实施路径；以乡村组织治理数字化、乡村基础设施数字化、乡村产业发展数字化为线索，探索切实可行的数字化乡村空间治理。